U0352940

耐火材料构成理论、结构设计及制造技术

罗旭东　赵现华　张　玲
罗　纪　徐广平　王诚训　著

北　京
冶　金　工　业　出　版　社
2021

内 容 提 要

本书详细介绍了耐火材料应用的理论基础、耐火材料的构成类型及相关内容。全书共分5章，主要包括耐火材料技术的发展、耐火材料的构成及类型、耐火原料及其烧结、耐火材料的设计、耐火材料的制造技术等内容，主要对氧化镁、非氧化镁、氧化物-碳系、重要氧化物与非氧化物复合材料系统进行了描述，对耐火材料原料及烧结行为的理论和实践进行了分析，并介绍了耐火材料均质原料、提纯原料、合成原料、转型原料的烧结行为。

本书可供从事耐火材料研究、开发、设计、生产的工程技术人员阅读，也可供高等院校有关专业师生参考。

图书在版编目(CIP)数据

耐火材料构成理论、结构设计及制造技术/罗旭东等著. —北京：冶金工业出版社，2021.12

ISBN 978-7-5024-9013-3

Ⅰ.①耐… Ⅱ.①罗… Ⅲ.①耐火材料—研究 Ⅳ.①TQ175.7

中国版本图书馆CIP数据核字（2021）第275737号

耐火材料构成理论、结构设计及制造技术

出版发行	冶金工业出版社	**电　　话**	(010)64027926
地　　址	北京市东城区嵩祝院北巷39号	**邮　　编**	100009
网　　址	www.mip1953.com	**电子信箱**	service@mip1953.com

责任编辑　杜婷婷　美术编辑　彭子赫　版式设计　郑小利

责任校对　李　娜　责任印制　李玉山

三河市双峰印刷装订有限公司印刷

2021年12月第1版，2021年12月第1次印刷

710mm×1000mm　1/16；10.75印张；208千字；164页

定价 68.00 元

投稿电话　(010)64027932　投稿信箱　tougao@cnmip.com.cn

营销中心电话　(010)64044283

冶金工业出版社天猫旗舰店　yjgycbs.tmall.com

(本书如有印装质量问题，本社营销中心负责退换)

前　言

随着耐火材料技术的不断进步，耐火材料构成理论、结构设计及制造技术得到了显著提升，各种类型的耐火材料原料、制品层出不穷。根据耐火材料不同的使用环境及原料特点，近年来出现了不同类型的耐火材料，如炉外精炼用耐火材料、碳及其复合耐火材料、镁基（MgO-Al_2O_3-SiO_2）合成耐火材料、CaO-Al_2O_3-TiO_2合成耐火材料、MgO-CaO-ZrO_2耐火材料等合成耐火原料及耐火制品。

本书是作者在深入研究各类氧化物、非氧化物耐火材料的基础上开展的研究工作的总结。第1章回顾了耐火材料的发展历史，介绍了复合耐火材料技术的新进展、无铬化及发展趋势；第2章从氧化物耐火材料、非氧化物耐火材料、氧化镁-碳系耐火材料角度详细介绍了耐火材料的构成及类型，重点说明了Me-O-C-N系统，丰富了耐火材料的构成机理；第3章重点介绍了耐火材料的原料及制备、耐火原料的烧结；第4章从耐火材料基本理论应用及材质设计角度进行介绍，重点阐述了耐火材料的设计依据、设计程序和设计重点；第5章重点介绍了烧成耐火材料、不定形耐火材料及凝固模耐火型件工艺。

本书详细系统介绍了耐火材料应用理论基础，内容翔实、通俗易懂；同时阐述了耐火材料的构成类型，从氧化镁、非氧化镁、氧化物-碳系、重要氧化物与非氧化物复合材料的角度进行了全面而具体的描述；针对耐火材料原料及烧结行为的介绍是理论和实践的完全融合，通过固相烧结、晶粒长大、液相烧结、热压烧结等理论介绍了耐火材料均质原料；提纯原料、合成原料、转型原料的烧结行为的介绍，条理清晰，事实清楚；在实践应用领域的介绍更为具体，从耐火材料的原料设计、结构设计、材质设计角度构建耐火材料组成、结构、性能的逻辑关系，进而通过烧成类耐火制品、不烧类耐火制品及不定形耐火材料的实践操作来检测检验理论论述。

本书以辽宁科技大学镁质材料工程研究中心课题组多年来对耐火材料构成理论、结构设计及制造技术的研究为基础编写而成。在此特别感谢辽宁省非金属矿工业协会张国栋教授对本书的审阅和指导。本书在编写过程中，得到了辽宁科技大学镁质材料工程研究中心毕万利教授、游杰刚副教授、关岩副教授、郑玉老师、李婷老师的帮助，得到了辽宁科技大学中昊镁产业研究院、辽宁科技大学和丰耐火材料研究院、江苏中磊节能科技发展有限公司、中国医科大学的支持，得到了辽宁科技大学冶金新技术用耐火材料团队满思林、满奕然、侯庆冬、祁欣、彭子钧、王宝林等研究生的协助，在此一并表示衷心的感谢。

本书内容涉及的研究是在国家自然科学基金“菱镁矿特色资源高效利用制备高性能耐火材料相关基础研究”（编号：U1908227）及“基于菱镁矿的氧化镁基耐高温复合材料的物相重构与转化机理及服役行为”（编号：U20A20239）项目资助下完成的。

由于作者水平所限，书中不妥之处，敬请读者批评指正。

作　者

2021年8月

目　　录

1 耐火材料技术的发展

耐火材料多为无机非金属材料，它们可保持足够的理化性能的稳定性（这些性能在其对高温气体和熔融物，如金属液、熔渣、玻璃等的侵蚀与腐蚀是稳定的），是金属、玻璃、水泥及大部分电能生产的基础材料。

通常，主要基于化学成分和应用形式对耐火材料进行分类。只有在较特殊的情况下，耐火材料的分类也与某一特殊制造过程有关。尽管耐火材料的品种和类型很多，但只有少量元素才能构成耐火材料。这些元素主要是 Me-O-C-N 系（Me=Si、Al、Mg、Ca、Zr、Ti 和 B 等）中的元素，它们或者由它们构成的化合物被单一使用或者组合使用。以前，耐火材料为氧化物系统，而近 50 年来，越来越多地与 C 或者其他非氧化物复合起来使用。现在，工业耐火材料正向非氧化物和氧化物复合所组成的高技术耐火材料（简称复合耐火材料）的方向发展，而含氮化合物的复合耐火材料的研究和开发也是研究和开发新型耐火材料的重点。因为：

（1）氮化物的韧性和热导性比耐火氧化物高，因而氮化合物具有较好的抗热震性；

（2）氧化物熔渣对氮化物的润湿性差，因而氮化物具有抑制熔渣渗透和难以被氧化物熔渣侵蚀的性能；

（3）氮化物与碳和碳化物相比具有更高的抗氧化性能；

（4）氮是大气的最主要组分，不存在资源问题。

不过，除了 Si_3N_4 和赛隆（Sialon）含氮的化合物之外，大量含氮的化合物都存在价格昂贵的问题，因而难以大量用于耐火材料中。这说明深入研究低价位氮化物的合成工艺应已经成为研究和开发新型耐火材料的一项重要任务。

1.1 复合耐火材料技术的新进展

自从 1970 年 MgO-C 砖在转炉上试用成功以后，具有优良抗热震性的含碳复合耐火材料便迅速发展起来了，品种不断增加，用途迅速扩大。然而，它们存在抗氧化性和力学性能不理想，以及有可能碳污染熔炼材料的缺点。综合考虑高温强度、抗热震性、抗渣性及对熔炼材料不污染等，于是开发出其他高技术、高性能的非氧化物-氧化物系复合耐火材料。非氧化物有 SiC、Si_3N_4、Si_2O_2N、Sialon、Al_4SiC_4、Al_4O_4C、AlN、AlON、MgAlON、TiC、TiN、ZrN、ZrC、B_4C、BN 等，而氧化物则主要包括单一氧化物（SiO_2、Al_2O_3、MgO、CaO、ZrO_2、TiO_2 等）和复合氧化物（$MgO \cdot Cr_2O_3$、$MgO \cdot Al_2O_3$、$2MgO \cdot TiO_2$、$ZrO_2 \cdot SiO_2$、$CaO \cdot ZrO_2$ 等）及氧化物复相系统（SiO_2-Al_2O_3、MgO-Cr_2O_3、MgO-Al_2O_3、MgO-CaO、MgO-ZrO_2、MgO-TiO_2 和某些多元氧化物系统）。

上述非氧化物与氧化物复合有可能构成高技术、优质高效复合耐火材料，原因有以下几个方面。

（1）非氧化物开始氧化温度高达 800~1200℃，比碳高（碳开始氧化温度仅为 400~600℃），因而非氧化物-氧化物系复合耐火材料的抗氧化性比碳复合耐火材料高，而且多数非氧化物-氧化物系复合耐火材料的氧化属于保护性氧化，如 Al_2O_3-Al_4SiC_4 系、AlON-Al_2O_3 系和 Sialon-Al_2O_3 系等复合耐火材料都是重要例子。

（2）非氧化物-氧化物系复合耐火材料对于冶金炉渣和碱性氧化物具有较高的抵抗能力。例如，Sialon-Al_2O_3 系复合耐火材料对高铁炉渣具有优异的抵抗能力（在 1525~1580℃ 时几乎不被高铁炉渣侵蚀）；AlON-MgO 系耐火材料对于 $CaO/SiO_2=1$ 的炉渣也具有优良的抵抗能力；而 MgO-Al_2O_3/(Spinel-AlON) 系耐火材料对高碱度（$CaO/SiO_2=3 \sim 8$）炉渣则具有高度的抵抗能力，而且以 MgO-AlON-Al 系及镁 Spinel-AlON 系复合耐火材料的抗侵蚀性能最好，其原因被认为是 AlON 与 MgO 及 Al_2O_3 反应形成含氮 Spinel 对炉渣有较低的润湿性而阻碍炉渣渗透的缘故。

（3）通常，首先非氧化物-氧化物系复合耐火材料由于玻璃相含量很低（甚至没有），而与主导的结晶相接触或结合，次晶相镶嵌在主晶相骨架结构中，这便增加了晶相间的接触程度，导致强化效应。其次，这类耐火材料往往具有高强度，并可与氧化物系耐火材料相比较。在一般情况下，它们的常温强度多数在 100MPa 以上，比含碳复合耐火材料高出一个数量级；在氮气中 1350~1400℃ 的条件下，其高温强度可达到 60~200MPa，也比含碳复合耐火材料高出一个数量级。

（4）非氧化物具有线膨胀系数小、热导率较高等优点，同时由于它们的结晶体多数为针状或长柱状，所以抵抗热应力变化的能力高。当将它们配入耐火氧化物混合料中生产复合耐火材料时，可提高强度，改善抗热震性。另外，由于非氧化物-氧化物系复合耐火材料中的非氧化物和氧化物的热膨胀系数具有较大差异，热配合失配可导致微裂纹，起到增韧作用，表明这类复合耐火材料的抗热震性都很高。

发展非氧化物-氧化物系复合耐火材料的研究重点如下所述。

（1）开发低价位的非氧化物合成材料的工艺。目前，低价位 SiC 材料的合成工艺早已实用化，低价位 Si_3N_4 材料的合成工艺也已开发出来，而且以天然 SiO_2-Al_2O_3 矿物和碳素材料为原料，采用碳热还原氮化工艺制备 Sialon 或者 Al_2O_3-Sialon、AlON 和 MgAlON 等、以 Al_2O_3-C 系材料为原料采用电熔法合成 Al_4O_4C 或者 Al_2O_3-Al_4O_4C，以及以高钛炉渣和碳素为原料采用碳热还原氮化工艺制取 $Ti(C_xN_{1-x})$ 等工艺也已被开发出来。

化学分析表明，铝矾土基 Sialon 和 AlON 中的 N_2 含量比较高，质量分数分别达到 20%~25%和 6%~10%，而 Sialon 和 AlON 含量（质量分数）则达到 90%，只有少量的 α-Al_2O_3 相。通过 SEM 显微结构观察发现，Sialon 和 AlON 结晶发育很好。研究结果表明，铝矾土经过碳热还原氮化过程能够有效地转化为纯度较高的 Sialon 和 AlON 材料。

研究结果还证实，由铝矾土基合成原料（如电熔亚白刚玉、电熔棕刚玉）及由铝矾土基 Sialon 和 AlON 制成的高技术、高性能复合耐火材料取代同类高纯度耐火材料用于高温设备的关键部位时，其质量水平和使用效果相当好，成本却显著降低。

（2）非氧化物-氧化物系复合耐火材料的低价位生产工艺的开发。开发低成本非氧化物-氧化物系复合耐火材料的生产工艺对于含非氧化物的复合不定形耐火材料来说，由于不需要烧成，所以其生产工艺并不成为问题。但是，对于烧成含非氧化物的复合耐火制品，特别是含氮复合耐火制品来说，由于氮化物一般都很昂贵，而且需要在氮气炉内的氮气气氛中烧成，其烧成费用很高，难以大量采用。为此，需要进行低价位含氮非氧化物的复合耐火制品生产工艺的研究和开发。

现在，虽然刚玉-Si_3N_4-金属陶瓷杯、刚玉-Si_3N_4-金属钢包透气砖和 MgO-Si_3N_4-金属复合耐火材料都已开发出来，而且还有一些新系统复合耐火材料也在研究中，与之相应的逆反应烧结工艺也研究成功。然而，这些复合耐火材料仅是少数类型，而且逆反烧结工艺的适应范围也有限。因此，当今大多数复合耐火材料仍需要利用昂贵的纯净物质所合成的非氧化物材料作为原料，因而其生产费用很高，难以大量采用。

上述情况表明，仍然需要对有关低价位非氧化物-氧化物系复合耐火材料的生产工艺进行研究和开发，以便能使大量生产这类高技术、高性能复合耐火材料成为可能。

1.2 耐火材料的无铬化

由于 Cr_2O_3 和 $MgO \cdot Cr_2O_3$ 等含 Cr_2O_3 的耐火材料在高温、高氧压条件下会

发生如下反应：

$$Cr_2O_3(s) + 3/2O_2(g) = 2CrO_3(g)\uparrow \tag{1-1}$$

$$MgO \cdot Cr_2O_3(s) + 3/2O_2(g) = MgO(s) + 2CrO_3(g)\uparrow \tag{1-2}$$

产生危害生态的 $CrO_3(g)$，对环境造成危害，因而使用含 Cr_2O_3 的耐火材料已受到限制。

不过，对于钢液炉外精炼、废弃物熔融炉及还原炉等侵蚀性极强的炉渣、铜冶炼炉的硅铁质或铁钙质炉渣的侵蚀，至今还没有任何一种耐火材料能够彻底替代含 Cr_2O_3 的耐火材料（MgO-Cr_2O_3 质耐火材料）。在这种情况下，为了避免六价铬（Cr^{6+}）导致环境污染问题的发生，则迫切需要对无铬耐火材料进行研究和开发，以实现耐火材料的无铬化。

已有的研究结果表明，MgO-Al_2O_3-ZrO_2 质（主要是 MgO-Spinel-ZrO_2 质和 Spinel-ZrO_2 质）耐火材料、MgO-CaO-ZrO_2 质（主要是 MgO-$CaO \cdot ZrO_2$ 质）耐火材料、MgO-TiO_2 质（主要是 MgO-$2MgO \cdot TiO_2$ 质）耐火材料及 Mg-La_2O_3 质和 MgO-Spinel-AlON（实际是 MgO-MgAlON）质耐火材料系列都有可能在上述不同的熔渣条件下替代含 Cr_2O_3 质（主要是 MgO-$CaO \cdot ZrO_2$ 质）耐火材料进行使用，但这还需要经过深入研究和实际使用后才能得出结论。

1.3 不定形耐火材料进一步的发展

近 50 年以来，世界耐火材料工业发展的一个重要特征是不定形耐火材料的迅速发展和大量使用。现在，不定形耐火材料在耐火材料生产的总规模中所占比例日益增大，这是因为不定形耐火材料在生产费用、现场效益、使用寿命、安全性、材料的单位消耗等都优越于定形耐火材料（砖）的缘故。

随着高温熔炼材料工业特别是冶金工业的快速发展和改善，促使对不定形耐火材料的要求不断提高。由于采用优质原料（包括超细粉）、新型结合剂、高效加入剂、最佳化的颗粒组成及完善的施工工艺，使不定形耐火材料（特别是耐火浇注料）的开发取得了巨大进步。

（1）现在，不定形耐火材料已进入高温环境（1600~1700℃）中使用并取得了良好效果，而且在存在熔渣或碱的化学侵蚀和冲刷、高温熔体冲击、急剧的热震等恶劣的环境中使用时，其寿命都有所改进。

（2）耐火浇注料已从传统耐火浇注料（CC）发展到低水泥耐火浇注料（LCC），甚至超低水泥（ULCC）、无水泥（NCC）耐火浇注料，这些耐火材料具有更好的热力学性能和抗侵蚀性能。同时，自流耐火浇注料（SFRC）也已开发出来，为高温窑炉中难以施工的部位，如拐角、狭缝、孔洞等提高了施工的可靠性，而且还可保证质量，使用效果突出。

（3）高性能合成原料如 Al_2O_3 基、MgO 基等合成原料和非氧化物合成原料及微粉（uf-SiO_2、uf-Al_2O_3 和 ρ-Al_2O_3 等）已能工业生产，从而使制造高技术不定形耐火材料的生产有了可利用的高性能原料的基础。

不定形耐火材料进一步发展的目标是开发使用效果更好，制造成本较低，具有更高的使用性能，能承受更加恶劣使用条件的高技术不定形耐火材料。为了达到这一目标，需要从以下几个方面进行研究和创新。

（1）在对组合原料进行平衡的同时，对粒度组成进行精心优化（PSD）是设计高耐用性能不定形耐火材料的重要条件。

（2）选择更合适的结合系统和大量使用微粉是满足生产高强度和高抗蚀能力不定形耐火材料的重要要求。对于含有 SiO_2、Al_2O_3 组分的结合系统的不定形耐火材料，则应使其相对含量调整至最佳的 Al_2O_3/SiO_2 比例；对于含水泥的结合系统的不定形耐火材料，需要控制水泥用量以便能获得最佳的抗渣性。

（3）大量使用碳和/或非氧化物来提高耐火浇注料的抗热震性和抗渣性，是满足适用于高温炉窑关键部位的要求。

（4）根据不同的使用条件，应用纳米技术，向不定形耐火材料中引入纳米材料分布于基质中，以提高其使用性能。

（5）大力开发施工技术和进行装备的创新，同时结合自流、可泵送和喷射耐火浇注料的使用，以便为更简单、更可靠的施工工艺提供优越的条件。

2 耐火材料的构成及类型

当对元素周期表中全部元素及其化合物进行分析和归纳后发现，熔点高于1580℃的物质数目 N 可近似地用式（2-1）表示：

$$N = 3 \times 10^6 \exp(-0.0036T) \tag{2-1}$$

式中，T 为物质熔点温度，K。

由式（2-1）预测，熔点高于1600℃的物质可能有4000多种，而能用于耐火材料的物质却远远低于这一数值。

正如第1章所指出的，工业耐火材料主要属于Me-O-C-N（Me＝Si、Al、Cr、Mg、Ca、Zr、Ti、B等）系统，而由其他元素构成耐火材料的情况却比较少见。

通常，耐火材料主要基于化学成分、结构、性能、制造方法和应用形式进行分类。只有在较特殊的情况下，其分类才与某一特殊制造工艺过程如熔融方法等有关。基于构成耐火材料矿物相中的元素种类，可将耐火材料粗略地分为以下三大类型：

（1）氧化物系耐火材料；

（2）非氧化物系耐火材料；

（3）复合耐火材料。

2.1 氧化物系耐火材料

基于元素构成，氧化物系耐火材料属于Me-O系统，Me＝Si、Al、Mg、Ca、Zr、Ti等。由图2-1看出，有70%以上的氧化物系耐火材料由三种以下的元素构成，四元素构成的氧化物系复相耐火材料仅占所有这类耐火材料的3%，这说明首先应从三元素特别是三元素以下（不包括固溶体）的氧化物中去探究和开发新型氧化物系耐火材料。在Me-O系中，Me与O分别反应生成的 SiO_2、Al_2O_3、Cr_2O_3、MgO、CaO、ZrO_2 和 TiO_2 均属于高熔点氧化物，如图2-2所示。图2-2中表明，这些单一氧化物还有可能互相反应生成高熔点复合氧化物，如 $2Al_2O_3 \cdot 3SiO_2$、$MgO \cdot Al_2O_3$、$MgO \cdot Cr_2O_3$、$2MgO \cdot TiO_2$、$CaO \cdot ZrO_2$ 和 $Al_2O_3 \cdot TiO_2$ 等，所有这些单一或复合氧化物都能被单一或者混合使用来制造氧化物系耐火材料。这些氧化物所组成的二元系统，它们（主要有 SiO_2-Al_2O_3 系、MgO-CaO、MgO-ZrO_2 系、MgO-TiO_2 系和 Al_2O_3-ZrO_2 系等）还可构成二元氧化物系复相耐

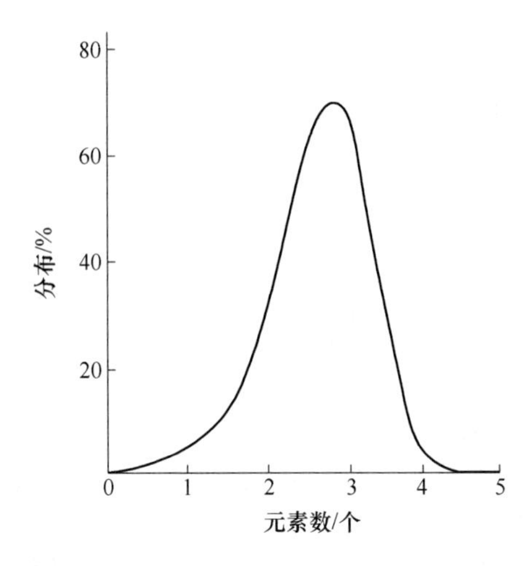

图 2-1 耐火物质按其所含元素个数的分布

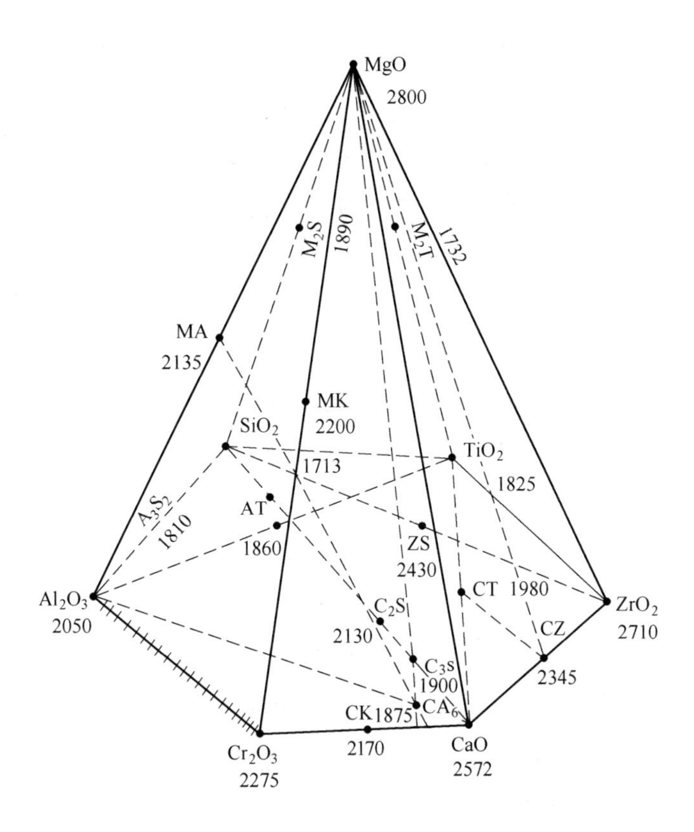

图 2-2 氧化物系耐火材料金字塔位置图
（氧化物下方的数字表示其熔点或分解温度，℃）

火材料，及三元系统（如 SiO_2-Al_2O_3-ZrO_2 系、MgO-Al_2O_3-Cr_2O_3 系、MgO-CaO-ZrO_2 系等）也有可能构成相应三元氧化物系复相耐火材料，四元系统（如 MgO-CaO-ZrO-SiO_2 系和 MgO-Al_2O_3-ZrO_2-SiO_2 系）中的局部相区有可能构成相应多元氧化物系复相耐火材料。可见，氧化物系复相耐火材料以二元系和三元系为主，而四元系则非常少见，而且其用途也不是很大。

需要指出的是，含 Cr_2O_3 系氧化物复相耐火材料虽然具有极强的抗侵蚀性能，但在使用环境中有可能产生对人体有害的含 Cr^{6+} 系化合物而被限制使用。向六价铬转变是一种氧化反应，不过，六价铬的生成却要具备一定的条件才有可能发生，即：

（1）环境必须是氧化气氛；

（2）必须有碱金属氧化物（CaO、K_2O 和 Na_2O 等）存在；

（3）温度在 1200℃以下，而且 3 个条件需要同时存在才能发生。

为了避免六价铬对人们健康的危害，现阶段只有在使用条件特别严酷而其他氧化物系耐火材料又难以获得较理想寿命的情况下才选用 Cr_2O_3 系和含 Cr_2O_3 系耐火材料。即使在这种情况下，也需要控制 Cr^{6+} 化合物的生成，其途径有：

（1）在大气条件下加热超过 1000℃时，Cr^{3+} 是稳定的，因而保持在这一温度范围以上，便可控制 Cr^{6+} 系化合物的生成；

（2）常温存在的含 Cr^{6+} 系化合物一般是在 1100℃以下的冷却过程中生成的，因而保持该过程为还原气氛便能避免含 Cr^{6+} 系化合物的生成；

（3）在含 Cr^{3+} 系耐火材料中添加 SiO_2 和/或 TiO_2 成分也能防止含 Cr^{6+} 系化合物的生成。

如果存在含有 Cr^{6+} 系化合物的废料，则可将这种废料在还原气氛中进行高温处理也能避免 Cr^{6+} 对环境的不利影响。

2.2 非氧化物系耐火材料

非氧化物系耐火材料主要有以下几大系列：

（1）碳质和石墨耐火材料（A 系列）；

（2）Si-C-N 系构成的耐火材料（B 系列）；

（3）Si-Al-Zr-Ti-B-C-N 系构成的耐火材料（C 系列）。

其中，A 系列耐火材料和 B 系列耐火材料早已实用化了，C 系列耐火材料虽然已有少数进行了研究和开发，但绝大多数还处于研究或有待于研究和开发的阶段。

2.2.1 碳质和石墨耐火材料

在自然界中，元素碳（单质碳）的种类不多，只有四种同素异形体、三种晶型碳（金刚石、石墨、卡宾）和一种无定形碳；而绝大多数碳属于晶形和无定形碳的过渡态碳。

通常，无定形碳多指炭黑、木炭和活性炭。实际上它们并不是无定形碳，而是一种微晶碳。

在工业耐火材料家族中，能够全由单一元素构成耐火材料的，只有碳元素。天然的和人造的石墨都是制造碳质耐火砖（简称碳砖或炭块）的重要原料。

由于碳质和石墨耐火材料是全由单一碳元素构成的，所以可通过石墨晶体结构来区分。不过，这类耐火材料中的碳往往没有边界良好的结晶体结构（一般为无定形的）。在这种情况下，便可根据其石墨化程度（依赖热处理温度）进行区分。广泛使用的碳质和石墨耐火材料是无定形碳砖、部分石墨或半石墨碳砖、石墨砖。同时，碳素不定形耐火材料也被大量使用。

普遍存在的碳质和石墨耐火材料有石墨、木炭、石油焦、焦油沥青、人工石墨、煤焦炭、气体煅烧的无烟煤、用电煅烧的无烟煤。

大量使用的碳质和石墨耐火材料主要应用于三种类型碳的碳质耐火材料，即无定形碳砖、部分石墨或半石墨砖、石墨砖以及碳质不定形耐火材料。此外，通过在前两种类型碳砖的基础上加入添加剂来提高耐磨性的“微孔碳砖”和“超微孔碳砖”。但这两种类型碳砖并不是单纯碳质和石墨耐火材料（碳砖），而是一种碳质复合耐火材料。

2.2.2 Si-C-N 系构成的耐火材料

由 Si、C 和 N 元素构成的稳定化合物是 SiC 和 Si_3N_4，其分解温度分别为2760℃和1900℃（见图2-3），它们均可全由单一化合物构成非氧化物耐火材料。同时，也可以单独或者组合与碳（或者 Si）配置组成非氧化物系复相耐火材料，即 SiC-C 系、SiC-Si 系、SiC-Si_3N_4 系、SiC-C-Si 系和 SiC-Si_3N_4-C 系耐火材料。

SiC 的最大缺陷是与其他陶瓷材料相比，对氧具有高的亲和力。致密烧结的 SiC 材料，如 LPSiC、SSiC、SiSiC 和 HPSiC，当用于高温时，仅表面氧化，而多孔 SiC 材料却趋向于大量氧化，从而影响部件的断裂点。通常，SiC 材料的多孔表面被一个 40μm 的 SiO_2（主要是方石英）薄层覆盖。此相被氧化侵蚀，导致 SiO_2 的非晶网状组织。从理论上讲，SiC 晶粒可以被钝化的表面密封，故可防止进一步氧化。然而，由于 SiC 和 SiO_2 的热膨胀系数不同而导致拉伸裂纹，由此便产生了新的孔隙，从而在 SiC 晶粒上产生了新的表面。这一过程进行缓慢，但是是持续的，SiO_2 的形成结果主要是伴随整体机械强度的增加。然而，随着氧化的加重，SiC-SiC 晶粒界面即被破坏。所以，可以观察到最初裂纹，这会导致其强度降低。因此，像 R-SiC 那样，则显示出不规则的性能特性，在高温应用中使 SiC 显示出蠕变（有变形的趋势）。

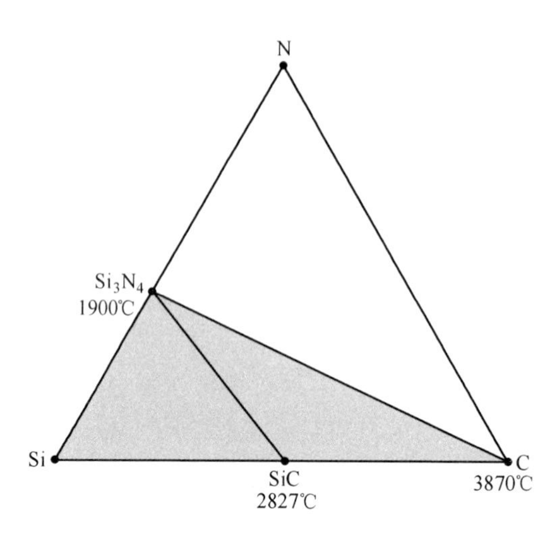

图 2-3　Si-C-N 系组成简图

为了提高 SiC 材料的抗氧化性，做了大量的研究工作，并取了许多成果。作为氧化保护的新技术有以下两种方法：

（1）使用纳米颗粒涂覆 SiC 晶粒表面和 SiC 材料的表面；

（2）使用金属盐溶液，可在损伤的部件上或内部形成致密层。

使用纳米颗粒涂覆 SiC 晶粒表面和 SiC 材料的表面的方法，至今还没有见到十分理想的效果，是因为小颗粒（小于 5mm）和不同渗透设备的使用堵塞到气孔的入口。此外，高温时这些材料趋向于聚集成孤岛状，所以纳米颗粒溶液用在非常多孔的基质上形成薄膜层。

使用金属盐溶液在损伤的部件上或内部形成致密层的方法是目前开发的最好的保护 SiC 材料的方法。例如，某高级材料公司开发的新型金属盐复合物（V-NOX）在 SiC 材料抗氧化和保护性上显示出良好的效果。

全由单一 SiC 构成的耐火材料的典型产品是重（再）结晶 SiC 制品（R-SiC）、反应烧结 SiC 制品（RS-SiC）和烧结 α-SiC 制品（S-SiC）。

SiC 在耐火材料中的应用已有很长的历史（超过 100 年）。由于 SiC 具有优异的耐热性、高强度、耐磨损和优异的抗侵蚀性等诸多特性，因而它在耐火材料中早已得到迅速发展和广泛应用，品种不断增加，用量不断扩大。

此外，SiC 还可与其他耐火材料搭配构成一系列复合耐火材料。可见，与碳/石墨耐火材料一样，即 SiC 耐火材料和 SiC 复合耐火材料也是应用极为广泛的一种耐火材料。

Si-C-N 系中另一个重要的矿物相是 Si_3N_4，它呈灰白色，六方结晶，有两种变体：在 1200～1300℃氮化得到的是低温型 α-Si_3N_4；在约 1455℃氮化得到的是

高温型 β-Si_3N_4。α-Si_3N_4 在约 1455℃可以转化为 β-Si_3N_4。Si_3N_4 不会熔融，在 1900℃分解。

Si_3N_4 材料兼有如下多方面的优点。

(1) 反应烧结的 Si_3N_4 线膨胀系数小（仅为 $2.3\times10^{-6}℃^{-1}$），热导率为 18.42W/(m·K)，因而具有优良的抗热震性能，在 1200℃～室温循环上千次不会被破坏（仅次于石英玻璃和微晶玻璃）。

(2) Si_3N_4 属于超硬物质（显微硬度达 $3300kg/mm^2$），摩擦系数小而且具有润滑性，因而具有优良的耐磨蚀性，是出色的耐磨材料。

(3) Si_3N_4 具有较高的机械强度（热压制品抗折强度为 500～700MPa，最高达 1000～1200MPa），虽然反应烧结制品常温强度不高，但在 1200～1350℃时其强度值不会下降。Si_3N_4 制品的高温蠕变小（反应烧结制品在 1200℃荷重 24MPa，1000h 的变形率仅 0.5%）。

(4) Si_3N_4 具有优良的化学性能，能耐除氢氟酸外的所有无机酸和某些碱液的腐蚀。同时，能在 1400℃的空气环境中长期使用，在还原环境中长期使用的温度可达 1870℃，而且对金属尤其对非铁金属不润湿。

(5) Si_3N_4 具有较佳的电绝缘性（常温电阻率为 $1.1\times10^{14}\Omega\cdot cm$，900℃时为 $5.7\times10^{6}\Omega\cdot cm$），介电常数为 8.3，介电损耗为 0.001～0.100。

由于 Si_3N_4 兼具抗氧化、抗热震、高温蠕变小、化学稳定性高和具有电绝缘性，仅有抗机械冲击性差些，所以 Si_3N_4 是一种有前途的新型材料，其应用日益广泛。

在钢铁冶炼中，Si_3N_4 主要用作铸造容器、输送液态金属的管道、阀门、泵、热电偶测温套管及冶炼用的坩埚、舟皿。同时，由于 Si_3N_4 具有突出的耐侵蚀性能和耐磨损性能，因而特别适宜于用作中间包和结晶器的连接耐火件（如 Si_3N_4 连接耐火件和含有 BN 的 Si_3N_4 连接耐火件）。

2.2.3 Me-C-N 系构成的耐火材料

在非氧化物系耐火材料中，第三类非氧化物系耐火材料是由 Me-C-N 系统构成的，这里 Me＝Si、Al、Zr、Ti、Mo、B。图 2-4～图 2-7 分别列出了 Me-C-N 系统中几个子系统的多（五）面体结构图形，图中示出了相应二元和某些三元化合物，它们都能被单一或者搭配构成非氧化物系复相耐火材料而应用于高温炉窑的关键部位。

(1) 图 2-4～图 2-7 中示出的化合物几乎都能被单一构成相应非氧化物系耐火材料。其中，BN、TiN、ZrN 和 Si_3N_4 质等耐火部件早已有实际应用的例子，而 $MoSi_2$ 元件作为电炉发热元件也早就实用化了，其他化合物已经或者正在被研究而受到关注。

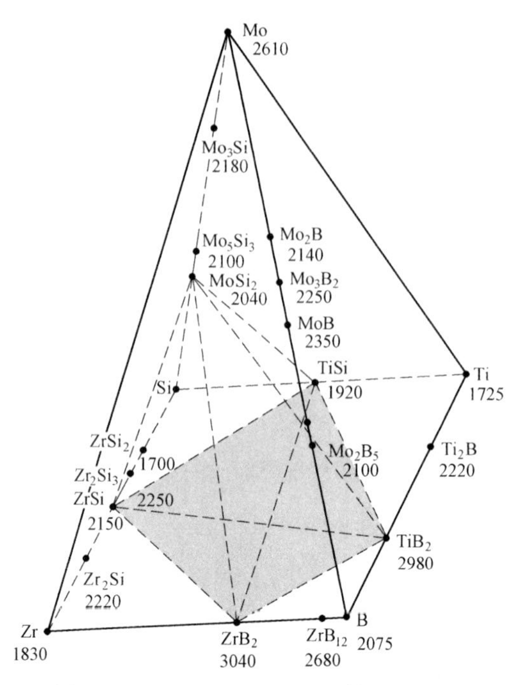

图 2-4　Zr-Si-Ti-B-Mo 系多面体结构简图

（物相下方的数字为熔点或分解温度，℃）

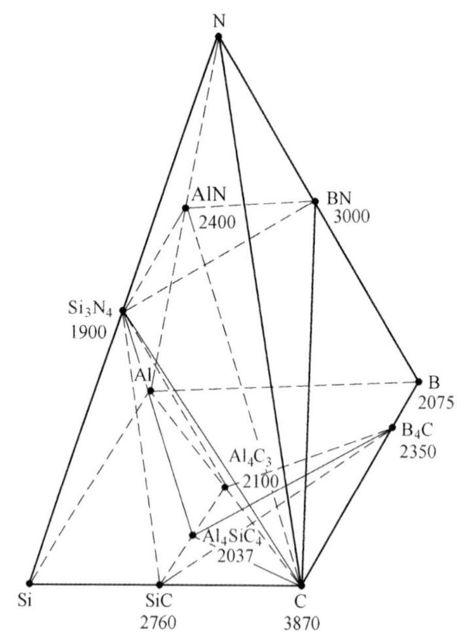

图 2-5　Si-Al-Ti-B-C-N 系多面体机构简图

（物相下方的数字为熔点或分解温度，℃）

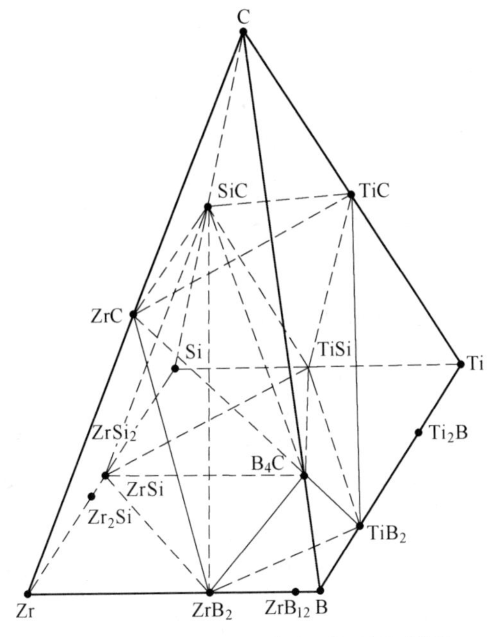

图 2-6 Zr-Si-Ti-B-C 系多面体结构简图

（物相下方的数字为熔点或分解温度，℃）

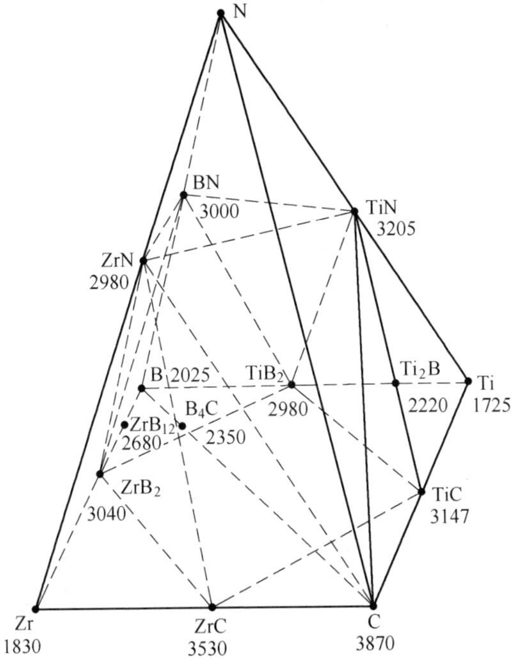

图 2-7 Zr-Si-Ti-B-N 系多面体结构简图

（物相下方的数字为熔点或分解温度，℃）

（2）图 2-4~图 2-7 中示出的化合物（包括单一元素 C、B、Zr、Ti）互相搭配构成非氧化物系复相耐火材料。这些化合物（不包括耐火元素）为难熔的碳化物、氮化物、硼化物和硅化物，它们都是难熔耐火物相，可以单独或者组合构成耐火材料。

2.2.3.1 Zr-Si-Ti-B-Mo 系

Zr-Si-Ti-B-Mo 系多面体结构如图 2-4 所示。该系中难熔耐火物相主要有 ZrB_2、TiB_2、ZrSi、TiSi、$MoSi_2$ 等。

由图 2-4 看出，该系中难熔耐火物相可以组成的亚二元系统主要有 ZrB_2-TiB_2、ZrB_2-TiSi、ZrB_2-ZrSi、ZrB_2-$MoSi_2$、TiB_2-TiSi、TiB_2-ZrSi、TiB_2-$MoSi_2$、ZrSi-TiSi、ZrSi-$MoSi_2$ 等。

由图 2-4 中的难熔耐火物相组合所构成的亚三元系统主要有 ZrB_2-TiB_2-TiSi、ZrB_2-TiSi-$MoSi_2$、TiB_2-TiSi-ZrSi、TiB_2-TiSi-$MoSi_2$、TiSi-ZrSi-$MoSi_2$、TiSi-ZrSi-ZrB_2、ZrSi-ZrB_2-TiB_2、ZrSi-ZrB_2-$MoSi_2$ 等。

图 2-4 中难熔耐火物相组合成四元系统仅有 ZrB_2-TiB_2-TiSi-ZrSi。

上述各亚系统有可能构成单一非氧化物耐火材料和复相非氧化物系耐火材料。

2.2.3.2 Si-Al-Ti-B-C-N 系

Si-Al-Ti-B-C-N 系多面体结构如图 2-5 所示，该系中难熔耐火物相主要有 C、Si_3N_4、SiC、B_4C、BN、AlN、Al_4SiC_4 等。

由图 2-5 看出，该系中的难熔耐火物相所组成的亚二元系统主要有 SiC-C、SiC-B_4C、B_4C-C、SiC-Si_3N_4、SiC-BN、Si_3N_4-BN、SiC-Al_4SiC_4、Si_3N_4-C。

图 2-5 中，由难熔耐火物相所组成的亚三元系统主要有 SiC-B_4C-C、SiC-Al_4SiC_4-C、AlN-BN-C、SiC-Al_4SiC_4-B_4C、SiC-Al_4SiC_4-C、SiC-Si_3N_4-C、SiC-Si_3N_4-AlN、SiC-AlN-BN、SiC-Si_3N_4-BN、Si_3N_4-BN-C、BN-B_4C-C 等。

图 2-5 中难熔耐火物相组成亚四元系统主要有 SiC-Al_4SiC_4-B_4C-C 和 SiC-Si_3N_4-AlN-C 等。

上述各亚系统有可能构成单一非氧化物耐火材料和非氧化物复相耐火材料。

此外，在 Si-Al-Ti-B-C-N 系中 Al-B-C 亚三元系相区内，存在 $Al_3B_{48}C_2$、$AlB_{24}C_4$、Al_3BC 和 $Al_8B_4C_7$ 四种化合物。其中，$Al_8B_4C_7$ 在常温大气中不发生水合作用，是最稳定的化合物之一，可期望它用于耐火材料。当然，$Al_8B_4C_7$ 也可以与 Si-Al-Ti-B-C-N 系中的难熔耐火物相 C、Si_3N_4、SiC、B_4C、BN、AlN、Al_4SiC_4 等分别构成二元或者三元甚至多元系统，这些系统有可能构成高性能的非氧化物复相耐火材料系列。

现阶段，$Al_8B_4C_7$ 是［Al+B_4C+C］混合粉料在 1800℃ 的氩气中加热合成。然后将得到的 $Al_8B_4C_7$ 粉末用脉冲通电烧结装置进行烧结，可获得相对密度达到约97%的烧结体。这种烧结体在高温氧化气氛中会氧化在其表面形成 Al_2O_3-B_2O_3 系化合物的保护层，但 B_2O_3 易蒸发，不易形成十分稳定的保护层，说明 $Al_8B_4C_7$ 材料在高温氧化气氛中使用时不稳定，但其组成是可以给予自修复功能的有效添加剂。

2.2.3.3 Zr-Si-Ti-B-C 系

Zr-Si-Ti-B-C 系多面体结构如图 2-6 所示，该系中难熔耐火物相主要有 C、SiC、ZrB_2、TiB_2、$ZrSi_2$、ZrC、TiC 和 B_4C 等。

由图 2-6 看出，该系中的难熔耐火物相所组成的亚二元系统主要有 ZrB_2-TiB_2、ZrB_2-TiSi、ZrB_2-$ZrSi_2$、TiB_2-TiSi、TiB_2-$ZrSi_2$，TiB_2-B_4C、ZrB_2-B_4C、$ZrSi_2$-B_4C、TiSi-B_4C、ZrB_2-C、TiB_2-C、TiSi-C、$ZrSi_2$-C、SiC-C、ZrC-C、TiC-C、B_4C-C、$ZrSi_2$-ZrC、TiB_2-TiC 等。

图 2-6 中，由难熔耐火物相所组成的亚三元系统主要有 ZrB_2-TiB_2-TiSi、ZrB_2-$ZrSi_2$-TiSi、TiB_2-TiSi-$ZrSi_2$、ZrB_2-TiB_2-B_4C、ZrB_2-TiSi-B_4C、ZrB_2-$ZrSi_2$-B_4C、TiB_2-TiSi-B_4C、TiB_2-ZrB_2-B_4C、ZrB_2-TiB_2-C、ZrB_2-TiSi-C、ZrB_2-$ZrSi_2$-C、TiB_2-TiSi-C、TiB_2-$ZrSi_2$-C、ZrB_2-B_4C-C、TiB_2-B_4C-C、TiSi-B_4C-C、ZrB_2-B_4C-C、SiC-ZrB_2-C、SiC-ZrC-C、SiC-$ZrSi_2$-C、SiC-ZrB_2-C、SiC-TiB_2-C、SiC-TiSi-C、SiC-B_4C-C、SiC-TiC-C、C-SiC-TiC 和 C-SiC-ZrC 等。

图 2-6 中，由难熔耐火物相所组成的亚四元系统主要有 ZrB_2-TiB_2-TiSi-$ZrSi_2$、SiC-TiC-TiB_2-ZrB_2、SiC-TiC-B_4C-ZrC、SiC-B_4C-TiB_2-ZrB_2、SiC-B_4C-$ZrSi_2$-ZrB_2、SiC-B_4C-$ZrSi_2$-TiSi、SiC-B_4C-TiSi-TiB_2、B_4C-ZrB_2-$ZrSi_2$-TiS、B_4C-$ZrSi_2$-TiS-TiB_2、B_4C-TiS-TiB_2-ZrB_2、B_4C-TiB_2-ZrB_2-$ZrSi_2$、C-ZrB_2-$ZrSi_2$-TiSi、C-$ZrSi_2$-TiSi-TiB_2、C-TiSi-TiB_2-ZrB_2、C-TiB_2-ZrB_2-$ZrSi_2$、C-SiC-TiC-ZrC 和 C-SiC-TiC-TiSi 等。

上述各亚系统有可能构成单一非氧化物耐火材料和非氧化物复相耐火材料。

2.2.3.4 Zr-Si-Ti-B-N 系

Zr-Si-Ti-B-N 系多面体结构简图如图 2-7 所示，该系中的难熔耐火物相主要有 ZrB_2、TiB_2、ZrC、TiC、ZrN、TiN 和 BN 等。

由图 2-7 看出，该系中的难熔耐火物相组成的亚二元系统主要有 ZrB_2-TiB_2、TiB_2-ZrC、TiB_2-TiC、TiC-ZrB_2、ZrC-TiC，ZrB_2-ZrN、ZrB_2-BN、ZrB_2-TiN、TiB_2-ZrN、TiB_2-BN、TiB_2-TiN、ZrC-ZrN、ZrC-TiN、ZrC-BN、TiC-ZrN、TiC-TiN、TiC-BN、C-ZrB_2、C-TiB_2、C-ZrC、C-TiC、C-ZrN、C-TiN 和 C-BN 等。

图 2-7 中，由难熔耐火物相组成的亚三元系统主要有 ZrC-ZrB_2-TiB_2、TiB_2-TiC-ZrC、TiC-ZrC-ZrB_2、ZrC-ZrB_2-TiB_2、ZrC-ZrB_2-ZrN、ZrC-ZrB_2-BN、ZrC-ZrB_2-TiN、TiB_2-ZrB_2-ZrN、TiB_2-ZrB_2-BN、TiB_2-ZrB_2-TiN、TiC-ZrB_2-ZrN、C-ZrB_2-BN、TiC-ZrB_2-TiN、C-ZrC-ZrB_2、C-ZrB_2-TiB_2、C-TiB_2-TiC、C-TiC-ZrC、C-ZrC-ZrN、C-ZrB_2-ZrN、C-TiB_2-ZrN、C- TiC-ZrN、C-ZrC-TiN、C-ZrB_2-TiN、C-TiB_2-TiN、C-

TiC-TiN、C-ZrC-BN、C-ZrB_2-BN、C-TiB_2-BN、C-TiC-BN 等。

图 2-7 中，由难熔耐火物相所组成的亚四元系统主要有 ZrB_2-TiB_2-TiC-ZrC、ZrB_2-TiB_2-TiC-ZrN、TiB_2-TiC-ZrC-ZrN、TiC-ZrC-ZrB_2-ZrN、ZrB_2-TiB_2-TiC-BN、TiB_2-TiC-ZrC-BN、TiC-ZrC-ZrB_2-BN、ZrB_2-TiB_2-TiC-TiN、TiB_2-TiC-ZrC-TiN、TiC-ZrC-ZrB_2-TiN、C-ZrB_2-TiB_2-TiC、C-TiB_2-TiC-ZrC、C-TiC-ZrC-ZrB_2、C-ZrB_2-TiB_2-ZrN、C-TiB_2-TiC-ZrN、C-TiC-ZrC-ZrN、C-ZrC-ZrB_2-ZrN、C-ZrB_2-TiB_2-BN、C-TiB_2-TiC-BN、C-TiC-ZrC-BN、C-ZrC-ZrB_2-BN、C-ZrB_2-TiB_2-TiN、C-TiB_2-TiC-TiN、C-TiC-ZrC-TiN、C-ZrC-ZrB_2-TiN 等。

上述各系统有可能构成单一非氧化物耐火材料和复相氧化物耐火材料。然而，如图 2-8 所示，Ti_2B-Ti 和 ZrB_{12}-Zr 等混合物却难以组成高耐火的非氧化物系复相耐火材料。

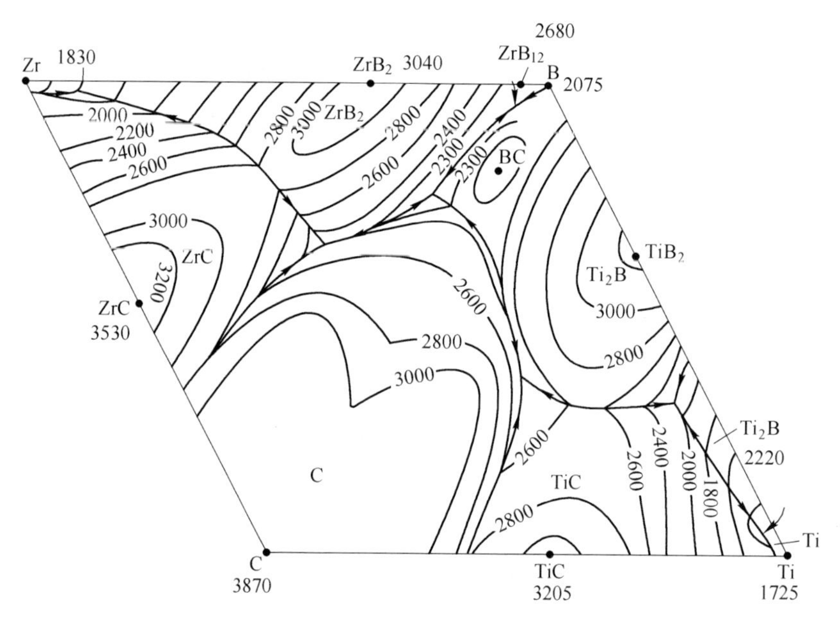

图 2-8 Zr-B-Ti-C 系多面体结构简图

（图中数字单位为℃）

所有这些非氧化物亚系统用于耐火材料的情况，正如我们知道的那样：只有少数系统被使用、开发和研究，例如 SiC-Si_3N_4、Si_3N_4-BN 和 SiC-Al_4SiC_4 等非氧化物系耐火材料早已使用或者已经开始使用，后者是 SiC 质耐火材料中使用温度最高的耐火材料，而 ZrB_2-SiC、TiB_2-SiC、ZrB_2-BN、TiB_2-BN、ZrB_2-$MoSi_2$、TiB_2-$MoSi_2$、ZrB_2-C、ZrB_2-B_4C 及 TiB_2-B_4C 等亚二元非氧化物系复相耐火材料也有文献介绍。这些高性能非氧化物系复相耐火材料（耐火部件），已经成为高温炉窑中关键部位的重要耐火部件。但上述大多数非氧化物系统至今尚未进行探讨，不过，根据热力学原理（应用相关相图），可由上述非氧化物亚系统中寻觅到组合适当、比例较佳的混合物，即可生产出高性能非氧化物系复相耐火材料(耐火部件)，从而应用于高温炉窑的关键部位。显然，这将是今后耐火材料研究、开发的一个重要课题。

2.3 氧化物-碳系耐火材料

碳和石墨与耐火氧化物搭配使用即可形成一种合适的复合耐火材料（即碳复合耐火材料)，添加抗氧化剂时便可进一步提高其性能。图 2-9 示出了氧化物-碳系复合耐火材料金字塔位置的情况，表明碳与图 2-9 中绝大多数氧化物及其复合系统均可构成氧化物-碳系复合耐火材料。已经大量使用的碳复合氧化物系耐火材料主要是碳复合 MgO-CaO 质耐火材料（包括 MgO/CaO 比例由 0→∞，如 MgO-C、MgO-CaO-C 和 CaO-C 质等复合耐火材料)，碳复合 $MgO-Al_2O_3$ 质耐火材料（包

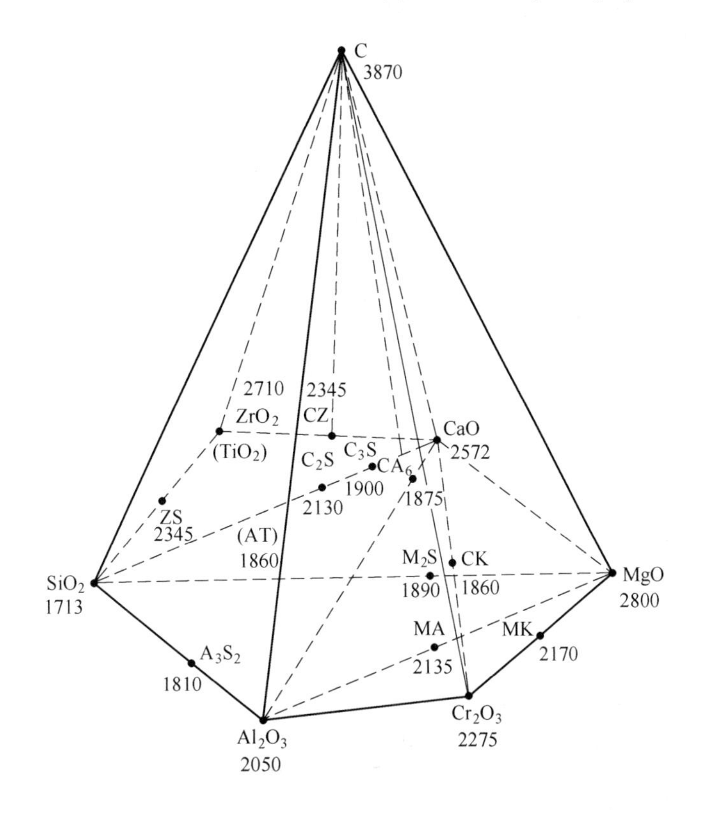

图 2-9 氧化物-碳系耐火材料金字塔位置图
(图中数字单位为℃)

括 MgO/Al_2O_3 比例由 $0 \rightarrow \infty$，如 MgO-Al_2O_3-C、Spinel-C、Al_2O_3-Spinel-C 和 Al_2O_3-MgO-C 质等复合耐火材料），碳复合 Al_2O_3-SiO_2-C 质耐火材料。此外，ZrO_2-C 质复合耐火材料、CaO · ZrO_2-C 复合耐火材料、CaO · ZrO_2- CaO · TiO_2-C 复合耐火材料等也有重要应用。

2.4　重要的 Me-O-C-N 系统

能够由 Me_1-Me_2-O-N-C 五元素构成耐火材料的系统很多，下面仅就其中几个主要的系统作简单说明。

2.4.1　Si-Al-O-N-C 系构成的耐火材料

Si-Al-O-N-C 系统是构成耐火材料的一个主要系统，更是研究和开发新型耐火材料的重要系统。这些系统可以用以 C 为顶角、以［Si-Al-O-N］为低盘（四边形）的四棱锥体来表示，如图 2-10 所示。图中表明：低盘上四元素及 Si-C、Al-C 棱上三元素两两互相反应生成的二元化合物 SiO_2、Al_2O_3、Si_3N_4、AlN 及

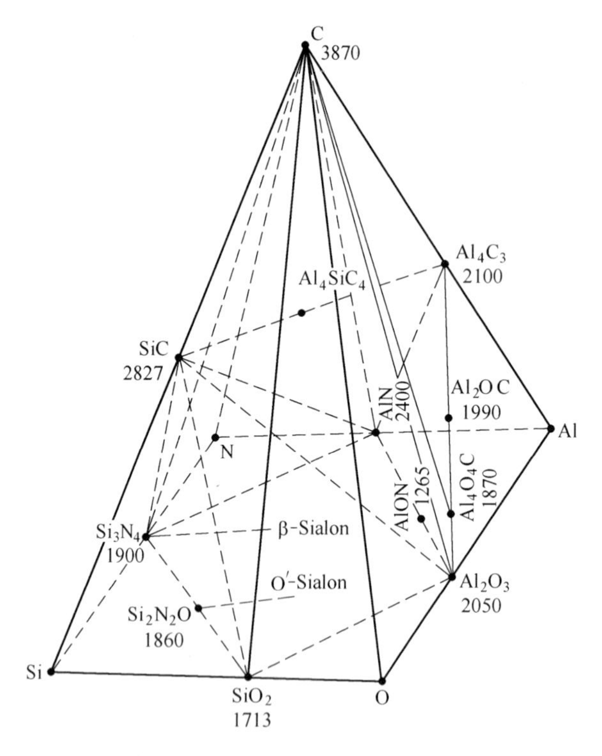

图 2-10　Si-Al-O-N-C 系多面体结构简图
（图中数字单位为℃）

SiC、Al_4C_3 都是稳定的高熔点化合物。位于低盘四条边上的 SiO_2-Al_2O_3-Si_3N_4-AlN 也为四边形，其整个物相分布区域对耐火材料具有重要意义。

SiO_2-Al_2O_3-Si_3N_4-AlN 四边形的 SiO_2-Al_2O_3 边上的组成混合物是构成传统 SiO_2-Al_2O_3 质耐火材料的物相组成区域。而以 SiO_2-Al_2O_3 为基础的 SiO_2-Al_2O_3-C 和 SiO_2-Al_2O_3-SiC 的两个结构三角形中的混合物分别是 SiO_2-Al_2O_3-C 质复合耐火材料和 SiO_2-Al_2O_3-SiC 质（包括 SiO_2-SiC、黏土-SiC、高铝-SiC 和刚玉-SiC 等复合耐火材料）的物相组成区域。C-[SiO_2-Al_2O_3-SiC] 四面体中的混合物是 Al_2O_3[-SiO_2]-SiC-C 质复合耐火材料的物相分布区域。

图 2-10 中的 SiO_2-Al_2O_3-Si_3N_4-AlN 四边形内的相区已进行过深入研究，并开发出一系列复合耐火材料。同时，该系中复合化合物 Si_2N_2O、AlON 和 Sialon 等都是对耐火材料具有重要意义的材料。其中：

（1）O-Sialon 是 Si_2N_2O 与 Al_3O_3 的固溶体，其分子式为 $Si_{2-x}Al_xO_{1+x}N_{2-x}$（$0 \leqslant x < 0.3$）；

（2）β-Sialon 仅存在于 Si_3N_4-Al_3O_3-AlN 连线上，因此，单相 β-Sialon 是 Al_2O_3、AlN 同时固溶于 Si_3N_4 中的固溶体，其分子式为 $Si_{6-z}Al_zO_zN_{8-z}$（$0 < z < 4.2$）；

（3）AlON 是 Al_3O_3 和 AlN 的反应产物（$5AlN \cdot 9Al_3O_3$ 的简写）；

（4）$Al_6Si_4O_{13}$（$3Al_2O_3 \cdot 2SiO_2$）是 Al_3O_3 和 SiO_2 反应生成的化合物。

因此，由 SiO_2-Al_2O_3-AlN-Si_3N_4 相区内构成的高性能新型耐火材料为 SiC-Al_2O_3-AlN、Al_2O_3-AlON、Al_2O_3-AlON-C、Al_2O_3-$3Al_2O_3 \cdot 2SiO_2$-Sialon 和 AlON-Sialon 等一系列新型复合耐火材料。

由图 2-10 还可以看出：Al_2O_3-Al_4C_3-C 和 SiC-Si_3N_4-C 两个组成三角形中的混合物可构成的复合耐火材料有 Al_2O_3-AlON、Al_2O_3-AlON-C、Al_2O_3-Al_4O_4C（Al_2OC）、Al_2O_3-Al_4O_4C（Al_2OC）-C、AlON-Al_4C_3 复合耐火材料（在 Al_2O_3-Al_4C_3-C 组成的三角形内）及 Si_3N_4-SiC、Si_2N_2O-SiC、Si-SiC、SiC-C、C-SiC-C 复合耐火材料（在 SiC- Si_3N_4-C 组成的三角形内）。

Si-Al-O-N-C 系统中的 Al_4C_3-SiC 亚二元系内，Al_4SiC_4-SiC 质非氧化物复相耐火材料在氧化气氛中的使用温度可达 1700℃以上，是所有 SiC 质耐火材料在氧化气氛中使用温度最高的。

Si-Al-O-N-C 系统中的三元素化合物 Al_4SiC_4 和 Al_4O_4C 对于耐火材料具有重要意义。Al_4SiC_4 的熔点为 2080℃，线膨胀系数仅 6.2×10^{-6} ℃$^{-1}$，而且具有优异的抗氧化性能，有望成为一种高温结构材料和高性能耐火材料；Al_4O_4C 是优良的含碳耐火材料的抗氧化剂，相对于 Al_4C_3 具有较佳的抗水化性能。将它们复合在一起所获得的 Al_4SiC_4-Al_4O_4C 复相材料，是非氧化物-氧化物复合耐火材料的重要发展趋势之一。

Si-Al-O-N-C 系统中的 Al_2O_3-SiO_2-C-N 相区还是采用碳热还原氮化工艺制取 Sialon 材料的物相分布区域，通过控制硅铝原料中的 Al_2O_3/SiO_2 比例便可获得目标 z 值的 Sialon（$Si_{6-z}Al_zO_zN_{8-z}$）。由于开发了 Sialon 材料的这一廉价制取工艺，使得 Sialon 材料在耐火材料中大量使用来制造高水平复合耐火材料成为可能。

Si-Al-O-N-C 系统中 Si-Al-O-C 交互系内的固相关系如图 2-11 所示。图中表明：它是传统的 SiC-C、SiC-Si、SiC-C-Si、Al_2O_3-SiO_2-C、Al_2O_3-SiO_2-SiC 质复合耐火材料及 Al_2O_3-Al_4O_4C（Al_2OC）、Al_2O_3-SiC-Al_4O_4C、SiC-Al_4O_4C-Al_4SiC_4、Al_4O_4C-Al_4SiC_4-C、Al_2O_3-Al_4O_4C(Al_2OC)-C 等新型的复合耐火材料的物相分布区域。

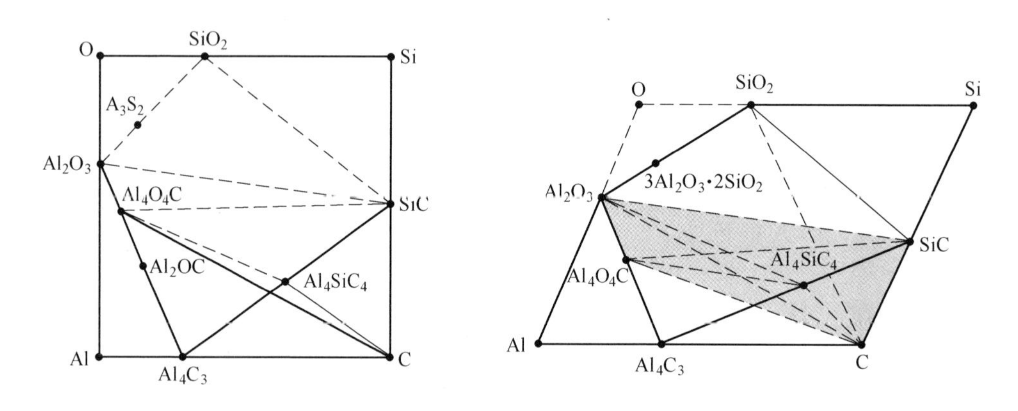

图 2-11 Si-Al-O-C 交互系中的固相关系

2.4.2 Mg-Al-O-N-C 系构成的耐火材料

Mg-Al-O-N-C 系统是构成耐火材料的又一个主要系统，也是研究和开发新型耐火材料的重要系统。Mg-Al-O-N-C 系统组成的多面体结构如图 2-12 所示。该系统中 Mg_3N_2 是高挥发物质，因而 MgO-Mg_3N_2-AlN 亚三元系统至今尚未进行研究。但对 MgO-Al_2O_3-AlN 亚三元系统已做过详细的研究，系中 MgO-Al_2O_3 连线上的混合物是大量使用的 MgO-Al_2O_3 质耐火材料的物相组成区域，而以 MgO-Al_2O_3 为基础的 MgO-Al_2O_3-C 结构三角形内的混合物是 MgO-Al_2O_3-C 质复合耐火材料的物相分布区域（包括 MgO-C、Spinel-C、Al_2O_3-C、MgO-Al_2O_3-C 和 Al_2O_3-MgO-C 质复合耐火材料等）。

MgO-Al_2O_3-AlN 结构三角形内的混合物可以组成一系列新型耐火材料，如 MgO-MgAlON、MgO-MgAlON(MgO-AlN)、Spinel-MgAlON、Spinel-AlON(AlN) 和 Al_2O_3-(AlN)MgO-AlN(AlON) 等复合耐火材料。

此外，Mg-Al-O-N-C 系统中还能组成另一系列新型复合耐火材料，如 MgO-

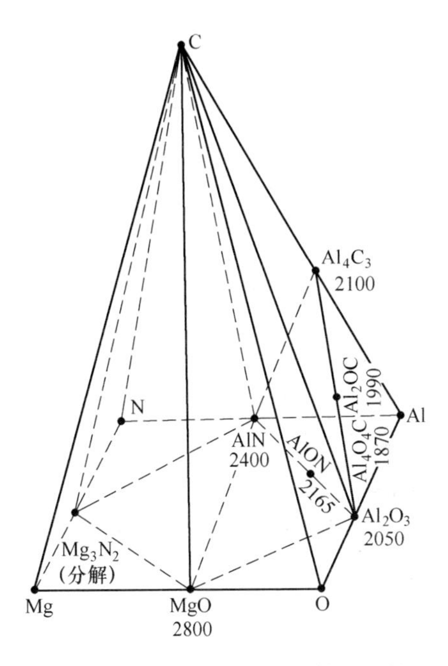

图 2-12 Mg-Al-O-N-C 系多面体结构简图
（图中数字单位为℃）

MgAlON-C、MgO-MgAlON(MgO-AlN)-C、Spinel-MgAlON-C、Spinel-AlON(AlN)-C 和 Al_2O_3-(AlN)-C 和 MgO-Al_2O_3-AlN(AlON)-C 等，它们都属于高水平复合耐火材料，而且 Al_2O_3-Al 与 MgO-C-Al 复合耐火材料也有某种应用。

上述情况说明：Mg-Al-O-N-C 系统对于耐火材料，特别是对于研究和开发含氮复合耐火材料具有重要意义。

2.4.3 Al-Zr-O-N-C 系构成的耐火材料

Al-Zr-O-N-C 系统组成的多面体结构如图 2-13 所示。该系统相当于 Si-Al-O-N-C 系统中的 Si 由 Zr 替代的系统，因而二者组成的多面体结构非常相似，如图 2-10和图 2-13 所示。图 2-13 表明，由该系统中的化合物所构成的复合耐火材料的类型，除了上面列出的之外还有以下系列，如 Al_2O_3-ZrC、Al_2O_3-ZrN、ZrO_2-ZrC、ZrO_2-ZrN、Al_2O_3-ZrC-C、Al_2O_3-ZrO_2-C、ZrO_2-ZrC-C、ZrO_2-ZrN-C、ZrC-ZrN-C、ZrO_2-ZrC-ZrN、Al_2O_3-ZrC-C-Al_4ZrC_4 等，说明该系统对于研究和开发含 Zr 复合耐火材料具有重要意义。

2.4.4 Zr-Ti-O-N-C 系构成的耐火材料

Zr-Ti-O-N-C 系可以用以 Zr-Ti-O-N 为底盘的四棱锥体来表示，如图 2-14 所

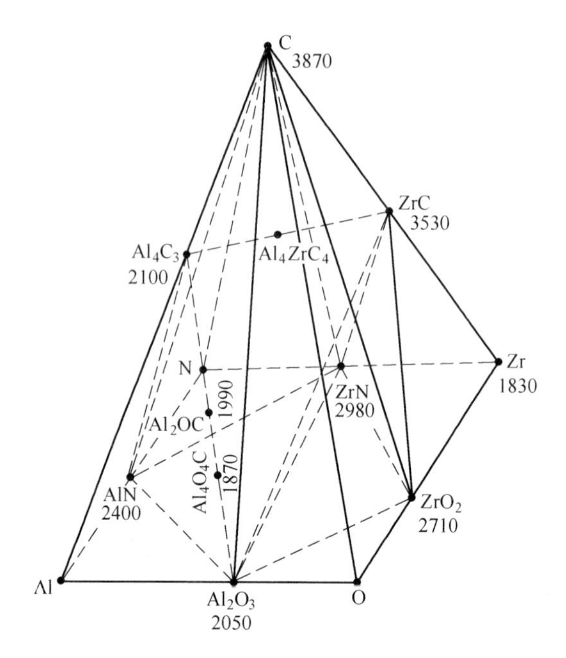

图 2-13　Al-Zr-O-N-C 系多面体结构简图
（图中数字单位为℃）

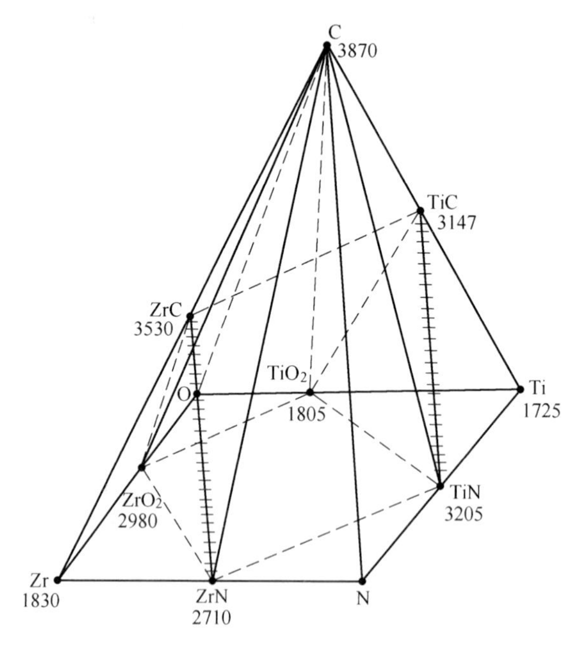

图 2-14　Zr-Ti-O-N-C 系多面体结构简图
（图中数字单位为℃）

示。图中表明：Zr、Ti、O、N 四元素位于四边形的四个角上，而 C 元素则位于该四棱锥体顶角上，六种二元化合物中 ZrO_2、TiO_2、ZrN 和 TiN 位于底盘四条边上，而 ZrC 和 TiC 则位于 Zr-C 和 Ti-C 棱上。五种元素中全部可能的组合都分布在由 ZrO_2、TiO_2、ZrN、TiN、ZrC、TiC 及 C 构成的面上。C-[ZrO_2-TiO_2-TiN-ZrN]、C-[ZrC-TiC-TiN-ZrN] 和 [TiC-TiN-TiO_2]-[ZrC-ZrN-ZrO_2] 多面体内的混合物是高性能复合耐火材料的物相分布区域。

由这个系统所构成的耐火材料中，除了前面已涉及的之外，还有 ZrO_2-TiN-C、ZrO_2-Ti-C、ZrO_2-ZrC-C、ZrO_2-ZrC-TiN 和 ZrO_2-ZrN-C 等一系列复合耐火材料。

应当指出：在 Zr-Ti-O-N-C 系中二元素组成的化合物，即 ZrO_2、TiO_2、ZrN 和 TiN，以及 ZrC 和 TiC 中，TiN 早就受到了人们的重视。TiN 的熔点很高（2950℃），抗热震性好，强度高，是一种高级耐火材料。TiN 材料和以 TiN 基制成的复合材料是一种很有发展前途的材料。TiN 坩埚早有实际应用；TiN 可以与一些氧化物制成强度高、抗热震性好的复合材料，如 TiN-Al_2O_3 质复合耐火材料、β′- Sialon-TiN- Al_2O_3 质复合耐火材料等。

近年来，采用高温等静压成型制备高密度自结合 TiN 制品已被实施，采用超细粉 TiN 可以在不太高的压力和温度下获得致密的 TiN 制品。

TiN 还可以与其他非氧化物组合构成复相耐火材料，如 TiN- O′-Sialon 复相耐火材料等。当然，ZrN 也可以与其他非氧化物组合构成复相耐火材料，如 ZrN-Si_3N_4 复相耐火材料等。

以上列出的复合耐火材料的主要类型，为耐火材料在严酷使用条件下作为高温窑炉内衬材料的应用提供了更多的选择空间。

由图 2-14 还可以看出：由于 ZrC-ZrN 系和 TiC-TiN 系中相互溶解不受限制，所以当采用碳热还原 ZrO_2、TiO_2 制备锆及钛的碳化合物时的气氛为 CO+N_2，因而最终产品是 ZrC-ZrN 系（ZrN_xC_{1-x}）材料和 TiC-TiN 系（TiN_xC_{1-x}）材料。

2.4.5 Ca-Zr-Ti-O-C(N) 系构成的耐火材料

Ca-Zr-Ti-O-C(N)系多面体结构如图 2-15 和图 2-16 所示。图中表明，除前面已介绍过的复合耐火材料之外，该系统还可构成的新型复合耐火材料系列主要有 ZrO_2-TiC、ZrO_2-ZrC-TiC、CaO-ZrO_2-TiN、ZrO_2-ZrC-TiC-C 及 CaO · ZrO_2-CaO · TiO_2-ZrC 和 CaO · ZrO_2-CaO · TiO_2-TiC 等复合耐火材料，它们具有许多特殊性能而有可能应用于特殊的高温环境中。

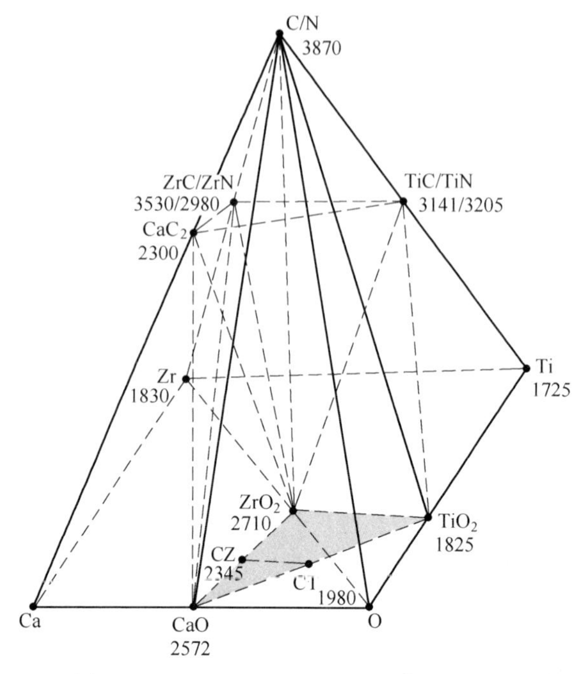

图 2-15　Ca-Zr-Ti-O-C/N 系多面体结构简图
（图中数字单位为℃）

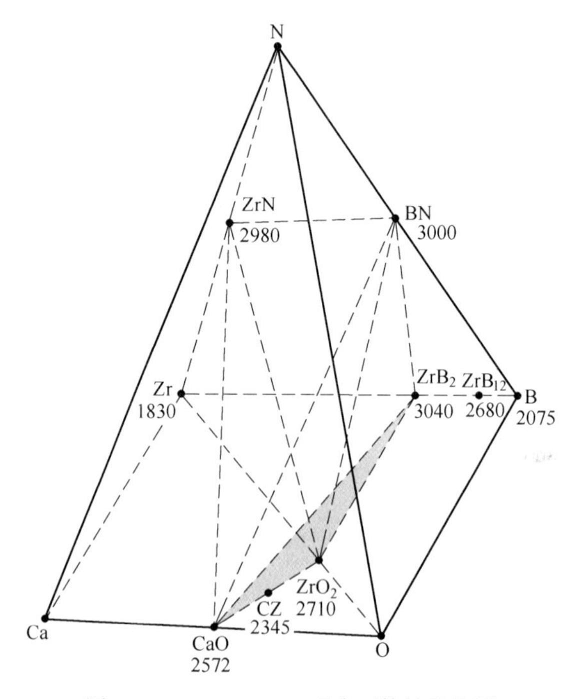

图 2-16　Ca-Zr-B-O-N 系多面体结构简图
（图中数字单位为℃）

3 耐火原料及其烧结

本章首先概述耐火原料及其制备，然后讨论耐火原料烧结中的相关问题，重点介绍原料烧结机理及影响烧结的因素。

3.1 耐火原料及其制备

众所周知，制造耐火材料的基础是耐火原料（以下简称原料），原料的质量是耐火材料的基本保证。要发展优质高效耐火制品，必须有纯净的、质量均一的和性能稳定的原料。概括地讲，耐火度高于1580℃的物质都有可能选做耐火原料，它们包括氧化物、碳、碳化物、氮化物及金属等。根据其来源，耐火原料可分为天然耐火矿物原料和人工合成原料两大类型：前者如镁砂、白云石砂、烧结矾土、硅石、锆英石和石墨等，其中菱镁矿、铝矾土和石墨构成了我国耐火原料的三大支柱；后者则有海（卤）水镁砂、合成 MgO-CaO 砂、合成 $MgO\text{-}Cr_2O_3$ 砂、合成尖晶石、莫来石、烧结氧化铝、碳化硅、氮化硅、赛隆、氧化锆和熔融石英等。

耐火原料技术，包括天然原料的开采和提纯技术、人工合成原料的合成技术、各类原料的烧结技术（多数原料都需要烧结）和熔制技术（需要电熔的原料）等。

用于制造氧化物系耐火材料的天然原料主要有菱镁矿、白云石、镁橄榄石（矿）、铬铁矿、硅石、黏土矿、高铝矿（铝矾土）和锆英石等。这些矿物的晶体结构、形态、特点及各类原料的制备工艺、材料性能，林彬荫和吴清顺在《耐火矿物原料》一书中做了详细介绍和分析，这里不再赘述。

在一般情况下，天然原料的成分和结构都是不均匀的，而且都含有一定数量的杂质（熔剂），对耐火材料的性能，特别是高温性能有不良影响。

为了生产组成均匀、结构均一、性能稳定、高温性能优良的耐火材料，有必要对天然原料进行均化、精选、提纯、改性和转型及大量制备合成原料。

当今已开发的合成原料包括 Al_2O_3 基原料：如 $\alpha\text{-}Al_2O_3$（刚玉，包括电熔刚玉、烧结刚玉、板状氧化铝）、锆刚玉、刚玉莫来石、莫来石、锆莫来石和富铝尖晶石等；MgO 基原料：如海水（卤）镁砂、电熔 MgO、高纯烧结 MgO、电熔 $MgO\text{-}Cr_2O_3$ 砂、$MgO\text{-}ZrO_2$ 砂、$2MgO \cdot TiO_2$ 和富镁尖晶石砂等；ZrO_2 基原料：如电熔 ZrO_2、脱硅锆和 $ZrO_2\text{-}CaO \cdot ZrO_2$ 等；微粉原料：如 uf-SiO_2、活性 Al_2O_3 和

ρ-Al_2O_3 等。表 3-1 列出了我国部分合成氧化物原料典型的性能。

表 3-1 我国部分合成原料典型的化学成分、体积密度和显气孔率

原料	化学成分（质量分数）/%							体积密度/$g \cdot cm^{-3}$	显气孔率/%	备注
	SiO_2	Al_2O_3	TiO_2	Fe_2O_3	MgO	CaO	ZrO_2			
烧结镁砂	0.20~0.33	0.11/0.12	—	0.47~0.50	98.08~98.19	0.75~0.77	—	3.3~3.4	2.1~3.5	高纯度
电熔镁砂	0.5	—	—	—	98	1.0	—	3.45	—	高纯度
烧结 Al_2O_3	0.25	99.22	痕量	0.08	—	—	—	3.65	0.6	—
电熔白刚玉（1）	0.47	98.72	0.07	0.10	—	—	—	3.91	5.6	—
电熔白刚玉（2）	0.37	99.0	—	0.08	—	—	—	3.92	1.2	—
电熔棕刚玉	0.66	94.3	3.2	0.42	—	—		3.92	5.8	—
电熔亚白刚玉	0.32	98.18	0.41	0.07	—	—	—	3.83~3.91	2.2~3.0	—
矾土基尖晶石（1）	3.73	59.89	3.01	1.62	30.94	—	—	3.01	8.6	—
矾土基尖晶石（2）	3.16	59.51	2.70	1.52	32.14	0.88	—	>3.15	<3	—
刚玉-锆莫来石（1）	4~6	85~88	—	—	—	—	7~9	3.4~3.6	—	—
刚玉-锆莫来石（2）	6~10	73~78	—	—	—	—	14~16	3.4~3.5	—	

为了充分利用天然原料的优势和特点，提高耐火材料的综合性能，需要大力研究和发展优质合成原料，其中生产均质原料，高纯原料，发展改性原料和开发转型原料已成为当今原料技术发展的重点。

3.1.1 均质原料

根据矿石纯度，可进行分别开采、分级储藏，按目标原料指标组织加工，微调成分，通过均化细磨、压块/成球，然后高温烧结，即能获得化学成分均匀、结构均衡和性能稳定的均质原料。表 3-2 列出了以河南高铝矾土为基础的 $w(Al_2O_3)$ 为 60%~90%的均质矾土熟料的理化性能。表中数据表明：它们的纯度高，体积密度大，其中 $w(Al_2O_3)$ 为 60%~70%，是显微结构为填充有刚玉颗粒连续交错网络的莫来石质均质料；而 $w(Al_2O_3)$ 为 80%~90%的刚玉均质料，其显微结构为填充有少量莫来石的刚玉骨架结构的均质原料。

表 3-2 均质矾土熟料的理化性能

项目	化学成分(质量分数)/%							体积密度 /g·cm^{-3}	显气孔率 /%
	Al_2O_3	SiO_2	CaO	MgO	TiO_2	Fe_2O_3	R_2O		
HBG60	62.50	30.51	1.22	0.56	2.30	1.04	0.18	2.73	3.13
HBG70	69.20	25.83	1.22	0.54	2.32	0.99	0.30	2.84	2.35
HBG80	80.50	13.41	0.60	0.37	3.45	1.43	0.11	3.13	2.20
HBG90	90.20	3.87	0.47	0.37	4.00	1.68	0.12	3.47	2.00

3.1.2 提纯原料

通过选矿或者电熔等制备工艺过程除去或者减少杂质，也可通过添加适量添加剂来减少杂质，以改善、优化材料的结构和性能。例如，以铝矾土和锆英石为基料，采用还原熔炼、氧化精炼的工艺可制取铝矾土基电熔刚玉-锆莫来石和锆刚玉及富铝尖晶石优质原料；以铝矾土为原料，采用电熔法可制得电熔刚玉（亚白刚玉）；以菱镁矿和铬矿为原料，采用电熔/烧结工艺可制得合成 $MgO\text{-}Cr_2O_3$ 砂等。这些高质量原料用于耐火材料可以明显地提高材料的性能。

通常，天然原料采用人工检选、选矿提纯等工艺方法都有可能去除或者减少杂质，提高纯度。以石墨矿为初始原料，采用浮选工艺，即可制取天然石墨；以菱镁矿为初始原料，通过浮选工艺也可制取高纯天然氧化镁等都是制取高纯原料的重要例子。

3.1.2.1 矾土基电熔刚玉

矾土基电熔刚玉又称为亚白刚玉，它是由 $w(Al_2O_3)>85\%$的高铝矾土在电炉中经过熔融还原工艺生产出来的。

熔炼工艺分为两个步骤：熔化-还原和氧化-精炼。

在熔化-还原期间，高铝矾土中 Fe_2O_3 杂质成分首先逐步还原成 Fe；当 Fe_2O_3 被还原到一定程度时 SiO_2 开始被还原，并与 Fe 反应生成 FeSi。同时，SiO_2 还可直接与碳反应生成 SiO(g) 而被除去。当 Fe_2O_3 和 SiO_2 的还原反应结束以后，TiO_2 开始还原。

可见，Fe_2O_3、SiO_2 和 TiO_2 的还原按先后顺序进行，因而各氧化物的还原温度必定有高低。实验表明，由 $w(Al_2O_3)>85\%$的高铝矾土在电炉内经过熔融还原工艺中的熔化-还原期内的不同阶段，其配料比例也应有所区别。

实践证明，在熔化-还原的早期，配料中的碳含量可以稍微低一些，而中期的碳含量却可以稍微高一些。这说明在熔化-还原期内，其碳含量需要逐渐进行调整，以确保高铝矾土中的杂质成分有足够的时间被还原。此外，澄清剂加入量也应随熔化-还原过程中配入碳含量的变化而进行调整。

熔化-还原之后是氧化-精炼期。其任务是使熔体中多余的碳或者碳化物被氧化，生成 CO 气体排出，这可通过吹氧或者添加脱碳剂的方法进行脱碳。

制备矾土基电熔刚玉的方法：一是吹氧脱碳方法，没有污染，但它需要特殊的吹氧设备；二是加入脱碳剂（铁鳞）进行脱碳，通过脱碳、冷却之后便获得了亚白刚玉材料。

3.1.2.2 菱镁矿浮选提纯

天然菱镁矿浮选提纯是 20 世纪 80 年代初开发的技术，它的理论基础是矿物的润湿性。天然菱镁矿中的滑石不易被水润湿，属于疏水矿物，其润湿角为 69°，表面的润湿性小，极易浮起。而菱镁矿、白云石表面离子键能强，易润湿，故不容易浮起。利用这个性质便可进行分选，去除菱镁矿中的滑石（即 SiO_2），提高天然菱镁矿的纯度。菱镁矿浮选提纯的一般原则流程如图 3-1 所示。

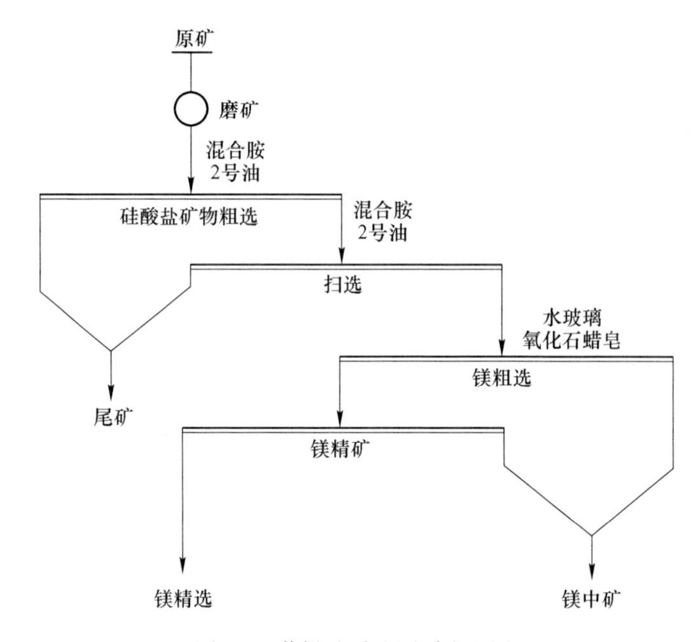

图 3-1 菱镁矿浮选原则流程图

通过对原矿和选矿产品的比较得出：浮选工艺对于除硅、铝的效果是明显的。但是，由于菱镁矿中钙和铁杂质成分往往以钙镁碳酸盐和铁菱镁矿、铁白云石形式存在，因而难以通过菱镁矿浮选提纯工艺除去。

应用菱镁矿浮选提纯工艺，可以将含（质量分数）44% MgO、3.5% SiO_2 的三级菱镁矿提高到不小于 47% MgO、不大于 0.5% SiO_2 的一级矿甚至特级矿。

菱镁矿浮选提纯的重要结果是通过除去杂质中的 SiO_2 成分，将其 CaO/SiO_2 摩尔比由约 1.0 提高到大于等于 2.0。这样，可改变镁质耐火材料中的相组合和硅酸盐相形态及其几何分布，使材料由硅酸盐结合转化为方镁石的直接结合，从而提高材料的高温强度和增加材料抵抗熔渣向其内部渗透的能力。因此，浮选提纯的菱镁矿是制备高性能镁砂的原料。

3.1.3 合成原料

耐火材料使用合成原料的种类很多，由于使用原始材料不同，性能要求不一样，因而不同的合成原料会有不同的合成工艺。下面仅对大量使用的一些合成原料作简单的说明。

3.1.3.1 Al_2O_3 的制备工艺

Al_2O_3 是耐火材料中一种极为重要的原料，世界上 95%以上的工业氧化铝都是从铝矾土矿中提取的。

从铝土矿或其他含铝原料中提取氧化铝的方法很多，大致有碱法、酸法、酸碱联合法和热法。其中，碱法应用最广泛，碱法有拜耳法（见图 3-2）、碱石灰烧

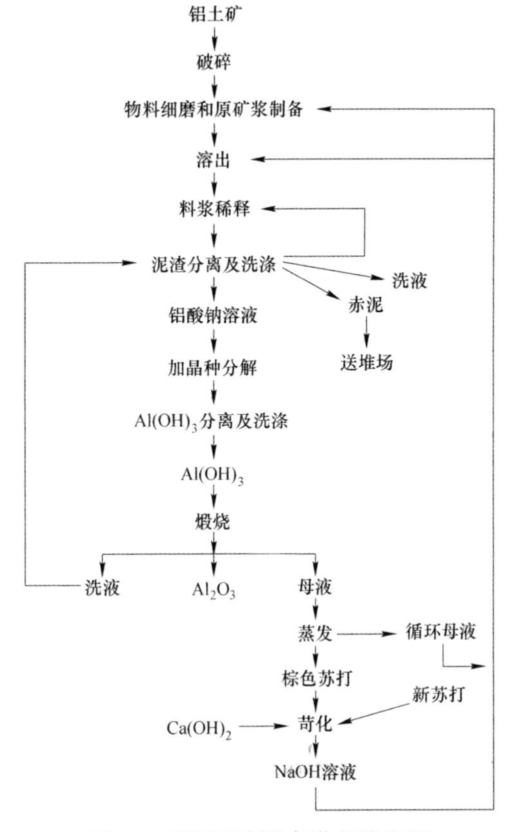

图 3-2 拜耳法制取氧化铝流程图

结法（见图 3-3）和拜耳-烧结联合法（见图 3-4）等多种流程。目前，世界上 95%的 Al_2O_3 是用拜耳法生产的，少数采用烧结法和联合法制得。

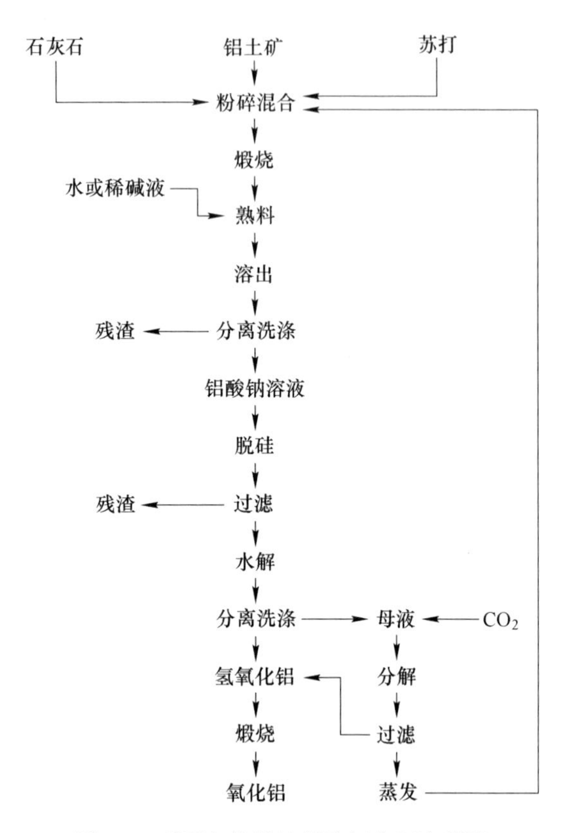

图 3-3 碱石灰烧结法制取氧化铝流程图

采用上述方法生产的氧化铝称为工业氧化铝（α-Al_2O_3），其主要化学成分是 Al_2O_3，含有 SiO_2、Fe_2O_3、TiO_2、Na_2O、MgO、CaO 和 H_2O 等杂质。通常希望工业氧化铝应有较高的纯度，杂质含量低，尤其是 SiO_2 量应尽可能低。

用碱法生产的工业氧化铝都含有一定数量的 Na_2O［以 $Na_2O \cdot 11Al_2O_3$（即 β-Al_2O_3）形式存在］。为了除去 Na_2O，提高工业氧化铝的纯度，可以采用以下方法：

（1）采用筛分和空气分选可分出含 Na_2O 的 60μm 大颗粒，这种方法可使 $w(Na_2O)$降低到 0.1%。

（2）通过煅烧和高温处理即可除去 Na_2O 而获得 $w(Na_2O)=0.01\%\sim0.02\%$ 的工业氧化铝。

（3）通过加入硼酸并于 1350~1550℃煅烧，使 Na_2O 生成挥发性硼酸钠而除去。例如，采用这种方法可使 $w(Na_2O)$ 含量为 1%的材料降低到 0.1%~

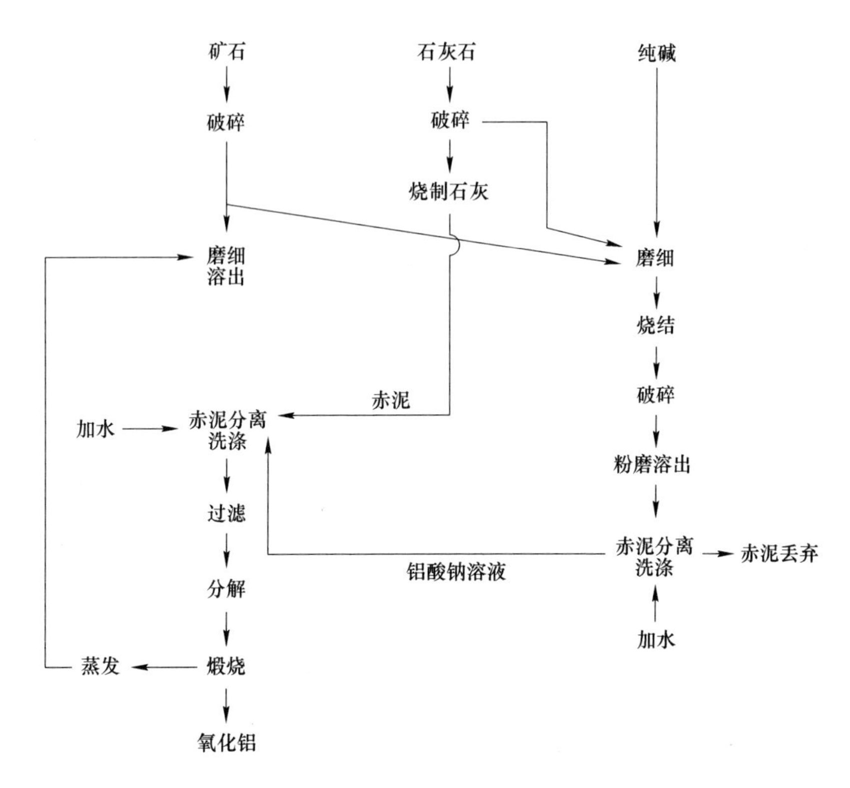

图 3-4 联合法制取氧化铝流程图

0.003%。此外，还可采用添加金属 Mg 或金属 Al 或石英砂等方法除去 Na_2O，提高工业氧化铝的纯度。

3.1.3.2 海水氧化镁的制取

用于耐火材料的海水镁砂是从海水中通过化学沉积所获得的 $Mg(OH)_2$[卤水镁砂则是从盐湖中通过化学沉积所获得的 $Mg(OH)_2$] 制成。通常，这类 $Mg(OH)_2$都以碱作为沉淀剂从含 0.2% MgO 的海水中沉淀出 $Mg(OH)_2$。其工艺过程是：先由石灰石或白云石制成主要是 CaO 或 MgO · CaO 泥浆（沉淀剂）和海水中 Mg^{2+}按式（3-1）沉淀出 $Mg(OH)_2$：

$$Ca(OH)_2 + Mg^{2+} = Mg(OH)_2 \downarrow + Ca^{2+} \quad (3\text{-}1)$$

$$MgO \cdot CaO + 2H_2O + Mg^{2+} = 2Mg(OH)_2 \downarrow + Ca^{2+} \quad (3\text{-}2)$$

$Mg(OH)_2$ 经预先用酸处理过的淡水进行洗涤除去杂质，然后加热使 $Mg(OH)_2$分解而得到活性 MgO。其主要化学成分为 MgO，含少量 CaO、Al_2O_3、Fe_2O_3、SiO_2 和 B_2O_3，前四者可通过选用高纯沉淀剂得到控制，但 B_2O_3 需要采用如下方法才能排除：

(1) 控制沉淀条件。在 $Mg(OH)_2$ 沉淀阶段通过“过剩”的碱可减少沉淀物对硼类吸收，如图 3-5 所示。图中表明，B_2O_3 含量随着 $Mg(OH)_2$ 沉淀时 pH 值的下降而迅速减少，人们将这种方法称为“过量石灰”法。采用这种方法可以使 $w(B_2O_3)$ 降低到 0.06%以下。

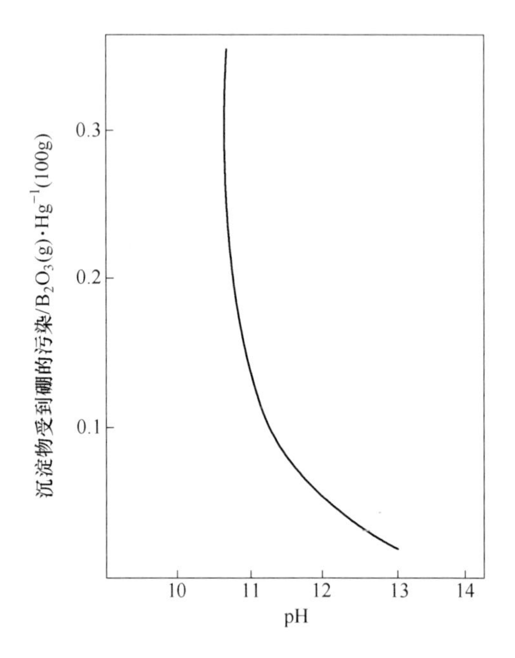

图 3-5 B_2O_3 含量随 $Mg(OH)_2$ 沉淀时 pH 值的变化而变化

(2) 通过死烧也可以使大部分 B_2O_3 挥发排除，如图 3-6 所示。图中表明，质量分数为 90%MgO-10%B_2O_3 的混合物加热到 1300℃时即可使 B_2O_3 挥发 15%，加热到 1600℃时 B_2O_3 几乎挥发 100%。

3.1.3.3 99 级 MgO 的制取

开发出 MgO 含量（质量分数）大于 99%的材料是镁质耐火材料的重大突破和发展。可通过优化从海水中提取 MgO 的生产工艺获得这种 MgO，也可以以天然菱镁矿为初始原料采用化学提纯方法制取这种 MgO。

采用化学提纯方法制取 MgO 主要有三种重要方法，即氯化镁水解的盐酸法、碳酸氢盐法和铵法。

A 用氯化镁水解的盐酸法

天然镁石用盐酸溶解的反应方程式如下：

$$MgCO_3 + 2HCl = MgCl_2 + H_2O + CO_2 \qquad (3\text{-}3)$$

在最好的溶解制度下（充分搅拌，加热到 80~90℃，20%~40%的余酸），有 95%~97%（质量分数）的镁石溶解。在镁石的杂质中，约有 50%（质量分数）

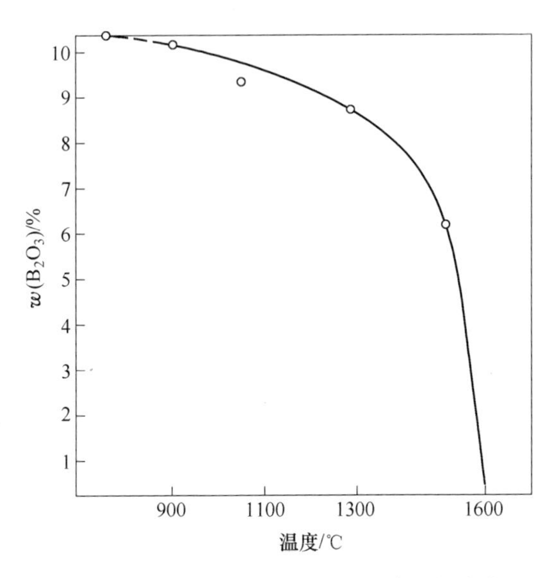

图 3-6 试样加热温度与 B_2O_3 残存量的变化

的铁和铝，铁存在于 $MgFe(CO_3)_2$ 中，约 70%（质量分数）的钙和 2%~3%（质量分数）的硅溶解。沉淀物主要由硅和亚硫酸铁组成。进入溶液中的铁、铝及其他杂质，属于倍半氧化物，可用铵溶液或者最终产物中的矿浆 $Mg(OH)_2$ 处理，在铁被氧化成三价铁之后沉淀。若镁石中含大量钙（质量分数大于 1.5%），也可加硫酸使之从盐酸溶液中析出。经过滤，分离出在盐酸中未溶解而重新沉淀的混合物，然后使氯化镁溶液水解。水解反应可在 900~1000℃ 的喷雾反应器中实现，或在 600~900℃ 的沸腾釜中实现。氯化镁的水解反应方程式如下：

$$MgCl_2 + H_2O = MgO + 2HCl \tag{3-4}$$

生成气态的氯化氢用水吸收，再生成盐酸，重新用于溶解镁石。MgO 则储备起来，用于生产耐火材料。

用氯化镁水解的盐酸法提纯镁石的流程（见图 3-7），可获得高纯氧化镁（质量分数大于 98%）。

利用所研究的方法制取复合材料，对于提高 MgO-CaO 系是一种良好的工艺方法。为此，必须将水解温度提高到 1000~1200℃，以便 $CaCl_2$ 水解完全。这种菱镁矿或白云石化镁石的提纯方法，因不包括去钙过程而大大简化了。

研究认为，向氧化镁中加入附加物，在很多情况下是必要的。这种均化的有效方法，还可以避免使用复杂的大功率的搅拌机构，所以是非常有价值的。

提纯镁石或硅酸镁矿石时，盐酸在提纯过程中循环使用，故不存在盐酸综合利用的问题。

用盐酸法提纯镁石时，在明显改善氧化镁质量、回收氧化镁的基础上，可以

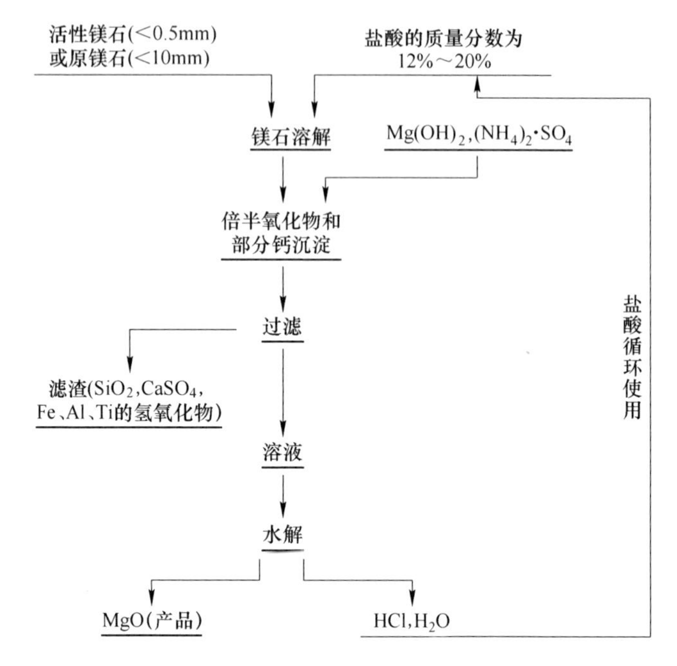

图 3-7　用氯化镁水解的盐酸法提纯镁石的流程

从根本上简化回收各种组分材料。为此，应在水解前向氯化镁溶液中加入相应的附加物（被水解状态的盐类）。

盐酸法的缺点是：在生产过程中存在盐酸，需要用耐酸材料制造设备，以及在周转循环中存在大量的水，从而增加了能耗。

B　铵法

铵法的基础是氧化镁能够溶解在铵盐的溶液中。菱镁矿先经 600～800℃ 煅烧，粉碎至粒度约 0.1mm，然后将这种产品用氯化铵溶液处理，镁在溶液中变为氯化镁。在菱镁矿所含的杂质中，仅有钙能溶解成氯化物。为了防止钙溶解，向氯化铵溶液中加入碳酸铵，加入数量稍微超过（10%～15%）生成碳酸钙反应的化学计量。反应过程可用以下反应式表示：

$$MgO + CaO + 2H_2O + 2HN_4Cl + (NH_4)_2CO_3 = MgCl_2 + CaCO_3\downarrow + 4NH_4OH \qquad (3\text{-}5)$$

为了打破式（3-5）的平衡，使之向右进行，用铵盐处理是在加热（70～80℃）和真空中进行的。此时氨变成气体分离，并从反应中排出。

氯化镁溶液与不溶解的杂质及 $CaCO_3$ 分离。用水解法从溶液中析出氧化镁。水解时产生的氯化氢与真空中被气体氨溶解后的分解产物相混合，冷却到 90～100℃后，氯化铵从混合物中析出，可重新利用。

铵法的另一方法是，用硝酸铵代替氯化铵溶解氧化镁，从所得的硝酸镁溶液中除去不溶的杂质。用铵法处理，可析出 $Mg(OH)_2$：

$$Mg(NO_3)_2 + 2NH_3 + 2H_2O \longrightarrow Mg(OH)_2 + 2NH_4NO_3 \quad (3\text{-}6)$$

为了打破式（3-6）的平衡，使之向右进行，应提高氨的压力，并在降低温度的条件下完成反应过程。为了合理利用氧化镁溶解时分解出的氨，须预先将氨压缩为液体。在 $Mg(OH)_2$ 析出后，硝酸铵溶液又循环用作对原料的溶解。

由铵法制取的氧化镁纯度达 98%~99%。

铵法的优点是：不需要其他化学反应物质，主要药剂（铵盐）在提纯过程中重复使用，因此其消耗量仅限于补充耗量。

铵法的缺点是：必须预先煅烧原料，提取率低，设备效率不高，氧化镁在铵盐溶液中溶解速度慢。

根据质量作用定律，溶解 1kg 活性氧化镁（轻烧菱镁矿）耗用 8L 盐酸。用 25%（质量分数）的铵溶液，可供倍半氧化物沉淀，铵耗量为 1kg 活性氧化镁（轻烧菱镁矿）350~390mL。氧化钙在硫酸铵溶液中沉淀。活性氧化镁（轻烧菱镁矿）中含 0.2~0.09mm 的颗粒占 29%，小于 0.09mm 的颗粒占 71%，其中小于 0.06mm 的颗粒占 67%。活性氧化镁（轻烧菱镁矿）的化学成分，见表 3-3。

表 3-3 提纯前后活性氧化镁的化学成分（质量分数） （%）

活性氧化镁	SiO_2	Al_2O_3	Fe_2O_3	CaO	MgO	SO_3	Ig（灼减）
提纯前	0.83	0.40	0.13	1.62	89.2	1.2	5.5
提纯后：盐酸法	0.06	无	0.05	0.4	99.68	无	无
铵法	无	无	0.3	0.8	98.8	无	无

溶解活性氧化镁（轻烧菱镁矿）需要硝酸铵，除去未溶解杂质和倍半氧化物后的硝酸镁溶液用氨处理。其反应结果是，从溶液中析出 $Mg(OH)_2$。

C 碳酸氢盐法

碳酸氢盐法的基础是使氧化镁转变成碳酸氢镁溶液。为此，采用活性氧化镁（轻烧菱镁矿）作为原料，菱镁矿先在 700~800℃ 轻烧，脱去 CO_2，然后粉碎至粒度约 0.25mm，并除去杂质。活性氧化镁的碳酸化过程和制取氧化镁需要在以下两个阶段中完成。

第一阶段（见图 3-8）：氧化镁矿浆 [$w(MgO)=2\%\sim3\%$] 经碳酸化直到生成含水碳酸镁。该反应式如下：

$$MgO + CO_2 + 3H_2O \longrightarrow MgCO_3 \cdot 3H_2O \quad (3\text{-}7)$$

$MgCO_3 \cdot 3H_2O$ 呈细分散状，处于难沉淀的状态。在分级机或水力旋流器中可以与未溶解的杂质（硅、铁结合体、铝等）及碳酸化过程中生成的部分碳酸钙分离。

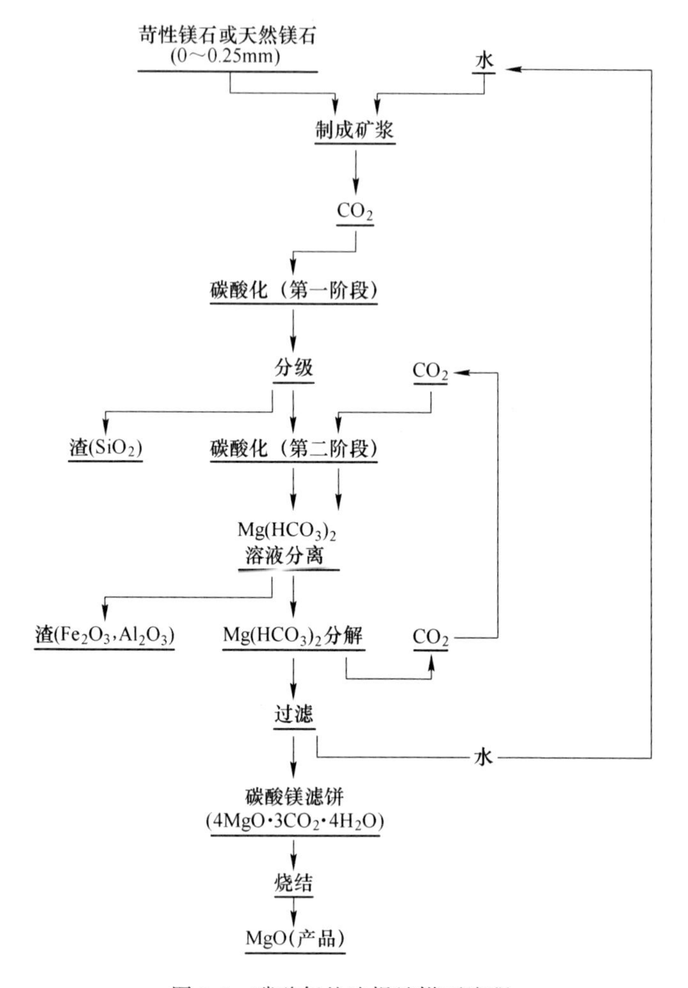

图 3-8　碳酸氢盐法提纯镁石流程

第二阶段：含水碳酸镁悬浮体，在 0.7～0.8MPa（7～8 个大气压）的 CO_2 中碳酸化，直到生成碳酸氢镁水溶液：

$$MgCO_3 \cdot 3H_2O + CO_2 = Mg(HCO)_2 + 2H_2O \tag{3-8}$$

清除残存未溶杂质后的碳酸氢镁溶液，加热分离，取得不溶性的碱性碳酸镁：

$$4Mg(HCO)_2 = 4MgO \cdot 3CO_2 \cdot 4H_2O + 5CO_2 \tag{3-9}$$

分解出的 CO_2 重新利用。碱性碳酸镁滤饼经轻烧获得 MgO。

用这种方法一般可取得轻质氧化镁，其 $w(MgO)$ 可达 98%～99%。为了制作镁质耐火材料的死烧氧化镁，必须经过高温烧结才能获得。

每吨氧化镁原材料的消耗量为菱镁矿（提取约 50% MgO）2.23t，CO_2 为 $3500m^3$，水为 $46.7m^3$，0.1%的聚丙烯酸酰胺 5.22t。

碳酸氢盐法原则上可以应用于从白云石中提取 MgO，其优点是不需化学反应剂；缺点是：需要预先煅烧和粉碎镁石，而且须在提高 CO_2 压力（0.7~0.8MPa）下操作，MgO 的提取率低。因此，设备效率低，而且还存在制取碳酸氢镁的溶解度不高（仅 15~20g/L）的缺点。

用化学法提纯镁石可取得纯 MgO，技术上是完全可行的。上述诸方法的提纯费用，在设备效率相同时，没有大的差别。

为了生产优质镁质耐火材料，对原料的要求不仅是氧化镁的纯度，还要求是由一定粒度组成的致密材料。在制取这种材料时，MgO 能够易于烧结具有重要意义。

3.1.3.4 纯净耐火原料的合成

作为提高或改善耐火材料性能的添加成分往往需要使用纯净材料。能够用作添加材料的种类繁多，而且合成工艺也各有不同，难以一一涉及，下面仅介绍纯净 AlON 和 MgAlON 的合成，以加深对开发纯净材料合成工艺的理解。

A AlON 的合成

尽管大量文献对 AlON 合成进行了报道，但 AlON 陶瓷的制备仍有一定的困难。现阶段，其制取方法主要有以下几种。

a 高温固相反应法

高温固相反应法，如：

$$Al_2O_3(s) + AlN(s) \longrightarrow AlON(s)\ (\geqslant 1650℃) \tag{3-10}$$

此方法的关键在于所用的 AlN 粉必须超细、高纯，但高性能的 AlN 无疑会增加生产成本。

b 氧化铝还原氮化法

氧化铝还原氮化法的还原剂常用 C、Al、NH_3 和 H_2，化学反应式分别为：

$$Al_2O_3(s) + C(s) + N_2(s) \longrightarrow AlON(s) + CO(g)\ (\geqslant 1700℃) \tag{3-11}$$

$$Al_2O_3(s) + Al(l) + N_2(s) \longrightarrow AlON(s) + CO(g)\ (\geqslant 1700℃) \tag{3-12}$$

$$Al_2O_3(s) + Al(l) + NH_3(g) + H_2(s) \longrightarrow AlON(s) + H_2O(g)\ (1650℃) \tag{3-13}$$

其中的碳热还原氮化法较为常用，所制备的 AlON 具有粒度小、纯度高、成本低的优点，适合于工业化生产。其技术关键是控制 Al_2O_3 与 C 的比例，C 含量太高即会转化为 AlN，而无 AlON 生成。

李亚伟和李楠等人发现，AlN 和 Al_2O_3 很难在 1650℃以下合成 AlON，而在碳热还原过程中，AlON 却能在低于 1650℃时出现。

通过进一步地深入研究发现，用固相反应和碳热还原法在低于上述温度下也能制备出 AlON；用 Al_2O_3 与 C 在流动的氮气中 1570~1800℃即可合成 AlON；用 Al_2O_3（质量分数为 66%）、AlN 和 C，在流动的氮气中 1630~1650℃就能合成 AlON；而且试验研究还得出：在 1650℃时都可合成 AlON。但 AlON 单相在低温下易分解，在没有稳定剂的情况下，难以获得 AlON 单相。

c 热压法

采用（质量分数）Al_2O_3(64.3%)、AlN(32.1%)、Al(3.6%) 粉末为原料，在1800℃、25MPa、N_2 气氛中热压烧结3h合成了高纯AlON陶瓷，其反应式为：

$$AlO(s) + AlN(s) + Al(s) \longrightarrow AlON \tag{3-14}$$

d 化学气相沉积法

化学气相沉积法（CVD）如：

$$AlCl_3(g) + CO_2(g) + NH_3(g) + N_2(g) = AlON(s) + CO(g) + N_2(g) + 3HCl(g) \tag{3-15}$$

热压法可用于制备AlON膜或涂层，900℃在基板上采用此法可制得涂覆尖晶石涂层，这是目前报道的合成AlON的最低温度。用肼和铝醇盐反应合成分子前驱体，再将该前驱体在氮气中热解，即可获得无定形的γ-AlON粉。

e 自蔓延法

自蔓延法的反应式为：

$$Al(l) + Air \longrightarrow AlON(s)(约1500℃) \tag{3-16}$$

$$Al_2O_3(s) + I(l) + Air \longrightarrow AlON(s)(约2045℃) \tag{3-17}$$

$$Al_2O_3(s) + C(l) + Air \longrightarrow AlON(s)(\geq 1700℃) \tag{3-18}$$

自蔓延法具有反应速度快、成本低的优势，AlON的合成取决于所施加空气压力的大小，需严格控制其工艺参数。

归纳起来认为，尖晶石型AlON的合成主要有以下三种方法。

（1）最普通的方法是碳热还原氮化氧化铝制取AlON；

（2）以金属铝为原料，借助燃烧反应-氧化氮化制备AlON；

（3）用气相反应合成AlON。

现将制取AlON材料的反应方程式和合成温度归纳于表3-4中。

表3-4 制备AlON材料的反应方程式和合成温度

反应方程式	合成温度/℃
$Al_2O_3(s) + AlN(s) \rightarrow AlON(s)$	≥1650
$Al_2O_3(s) + C(s) + N_2(g) \rightarrow AlON(s)$	≥1700
$Al_2O_3(s) + C(s) + Air \rightarrow AlON(s)$	≥1700
$Al_2O_3(s) + Al(l) + N_2(g) \rightarrow AlON(s)$	≥1500
$Al_2O_3(s) + I(l) + Air \rightarrow AlON(s)$	≥2045
$Al_2O_3(s) + NH_3(g) + H_2(g) \rightarrow AlON(s)$	≥1650
$Al_2O_3(s) + BN(s) \rightarrow AlON(s)$	1850

续表 3-4

反应方程式	合成温度/℃
$Al(l) + Air \rightarrow AlON(s)$	约 1500
$AlCl(l) + CO(g) + NH_3(g) + H_2(g) \rightarrow AlON(s)$	900

B MgAlON 的合成

鉴于 AlON 的不稳定性（尤其在低于 1640℃）及其它们在这一温度区间巨大的应用前景，Weiss 等人研究了 Mg-Al-O-N 系统，发现在该系统中存在氮氧化铝镁尖晶石固溶区。Willems 等人研究了 $MgO-Al_2O_3-AlN$ 三元系相图后认为，这一固溶区与温度和组成有关，即随温度升高将由 $MgO-Al_2O_3$ 系统扩展到 Al_2O_3-AlN 系统。Granon 等人发现，氮氧化铝镁（MgAlON）在 MgO-AlON、$AlN-MgAl_2O_4$ 和 $MgAl_2O_4-AlN-MgO$ 系统中均可生成，但后两者制备过程中氮成分会因生成易挥发的 Mg_3N_2 而损失。李亚伟和李楠等人通过碳热还原含 MgO 和 $MgAl_2O_4$ 的氧化铝一步合成了这种稳定的氮氧化铝镁尖晶石。类似 Mg-Al-O-N 系统的研究，Perera 和孙维莹研究了 Ti-Al-O-N 和 R-Al-O-N（R=Ce、Pr、Nd 和 Sm）系统，发现在 1800℃下组成接近 Al_2O_3-AlN 系统，存在以氮氧化铝镁尖晶石为主晶相的区域，但很难形成单相，含 Ti 氮氧化铝镁尖晶石的晶胞常数也比 Al-O-N 系统氮氧化铝镁尖晶石常数大，这是晶格中固溶有 Ti 的缘故。Canard 等人研究了在高温下 AlN 与氧化物助烧结剂如 MgO、TiO_2、Cr_2O_3、Fe_2O_3、Y_2O_3、ZrO_2 和 Ta_2O_3 反应时，发现在 1820℃下，除 ZrO_2-AlN 和 Y_2O_3-AlN 系统中分别仅生成 Cr(C，N)、$Al_2Y_4O_9$新相外，其他氧化物与 AlN 反应生成氮氧化铝尖晶石（组成接近 $Al_{23}O_{27}N_5$），而温度升高至 1920℃，这些氮氧化铝相消失代之以 AlN 多型体（21R、27R）。研究结果同时表明，MgO 和 Spinel 是 AlON 最有效的稳定剂，它们加入 AlON 中即成为人们常说的镁阿隆（MgAlON）。

MgAlON 的稳定仅与氧分压和温度有关，当 $T=1900K$ 时，MgAlON 稳定的氧分压范围为 $\lg p_{O_2}=-9.20 \sim -16.52$（$p_{O_2}=6.31\times10^{-11} \sim 3.00\times10^{-18}MPa$），如图 3-9 所示。因此，这个结果为合成 MgAlON 提供了重要依据。

MgAlON 和 γ-AlON 及 Spinel（$MgO \cdot Al_2O_3$）都是尖晶石结构的固溶体，前者可在常温下稳定，其组成可表示为：

$$Mg_yAl_{3-y-1/3x}O_{3+x-y}N_{1-x+y}$$

其中，$1\geq x\geq 0$，$1\geq y\geq 0$，$1\geq x+y$。

MgAlON 的晶格常数（nm）等于：

$$a_0 = 0.7900 + 0.0375[MgO] + 0.015[AlN] \tag{3-19}$$

式中，[MgO] 和 [AlN] 为 MgO 和 AlN 的摩尔分数,%。

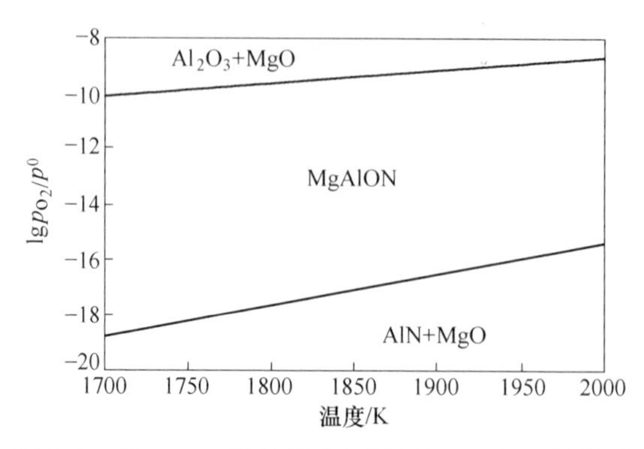

图 3-9　$Al_{23}O_{27}N_5$稳定存在的区域与 p_{O_2}和 T 的关系

在采用反应烧结制备 MgAlON 时发现，以 AlN、MgO 和 Al_2O_3 为起始原料合成 MgAlON 时，在氮气气氛中，当温度不超过 1200℃时，仅 MgO 和 Al_2O_3 反应生成 Spinel。此后，随温度升高，Al_2O_3 不断向所形成的 Spinel 中固溶。1300℃以前，AlN 基本上不参与反应，而在更高的温度下，AlN 开始向 Spinel 中固溶形成 MgAlON。1500℃时形成单一的 MgAlON 相。

研究发现，以 MgO、Al_2O_3 和 AlON 为起始物料，在氮气中通过反应烧结制备 MgAlON 时，要想获得致密材料，烧结温度应高于 1500℃，而且 MgAlON 烧结初期的致密化机理是体积扩散。材料的线收缩量（ΔL，mm）与烧结时间（t）可以用式（3-20）来描述：

$$\lg\Delta L = 0.443\lg t - 1.96 \tag{3-20}$$

3.1.4　转型原料

采用低价位的制备工艺，将廉价天然耐火原料转化为低价位的高性能耐火原料是当今耐火原料技术的重要发展。应用 Acheson 法生产 SiC；采用硅铁氮化工艺制备 Si_3N_4；以廉价的硅酸铝矿物为原料，采用碳热还原氮化工艺合成高性能的 O′-Sialon、β-Sialon 等是生产转型原料的重要例子。下面以制备赛隆（Sialon）为例，说明转型原料制备的相关工艺。

纯净 Sialon 是将 Si_3N_4、AlN 和 Al_2O_3 的混合粉料，或者将 Si_3N_4、SiO_2 和 Al_2O_3 的混合粉料，或者将 SiO_2、Al 和 Si 的氮化粉末在 1700℃以上的高温条件下加压烧结或常压烧结而成。

β′-Sialon 单相固溶体是利用纯的细分散 β-Si_3N_4、AlN 和 Al_2O_3 的粉末作为原料组分，按给出的组成比例 $(1-x)Si_3N_4 + x(Al_2O_3 + AlN)(0 \leqslant x \leqslant 0.9)$ 混合配制的混合物，在 1750℃进行热压，并在 1.5MPa 压力下保持 30min。X 射线衍射分析表明，直到 $x = 0.8$ 时，在 β-Si_3N_4 基础上形成的六边形固溶体（β′-Sialon）的单相区。在 $x = 0.9$ 时为 β′-Sialon，此时 α-Al_2O_3 和有多种结构 15R

AlN 的混合物没有进入固溶体，表明 β′-Sialon 为 β-Si_3N_4-（AlN+Al_2O_3）的固溶体，而不是 β-Si_3N_4-Al_2O_3。在 β-Si_3N_4-Al_2O_3 连线上的组成不是单相，因为除了 β′-Sialon 外还含有 x-Sialon 和玻璃相，从而确定了 $(1-x)Si_3N_4+x(Al_2O_3+AlN)$ 系形成具有六边形结构的 β′-Sialon 单相固溶体的主要分布范围（摩尔分数）为 $x=0\sim0.8$。由于热压方法很困难，而且还要有预先合成的 β-Si_3N_4 和 AlN，因而直到采用天然原料的直接还原法生产 β′-Sialon 之前，赛隆不能作为耐火材料的基础原料。

现在已经开发出多种合成赛隆的方法。

3.1.4.1 用天然硅酸铝制备 β′-Sialon

众所周知，采用碳热还原反应将天然原料转变为非氧化物是完全可能的。在氮气存在的情况下，用碳加热一种氧化物（硅酸铝）可制备相应的氮化物，其反应式为：

$$Al_2O_3 \cdot 4SiO_2 + 9C + 3N_2 \longrightarrow Si_4Al_2O_2N_6 + 9CO \tag{3-21}$$

$$3(Al_2O_3 \cdot 2SiO_2) + 15C + 5N \longrightarrow 2Si_3Al_3O_3N_5 + 15CO \tag{3-22}$$

$$2(Al_2O_3 \cdot SiO_2) + 6C + 2N \longrightarrow Si_2Al_4O_4N_4 + 6CO \tag{3-23}$$

这种方法提供一种比用元素合成更为便宜的生产方法，如一般惯用的 β-Si_3N_4 和 AlN 合成的生产方法。

上述反应式（3-22）和式（3-23）说明，采用碳热还原和氮化合成工艺时，高岭土、硅线石和叶蜡石可以转变为 z 值分别为 2、2.5 和 0.8 的 β′-Sialon，下面介绍其工艺过程。

由于确立了以黏土的碳热还原和氮化工艺生产赛隆粉的原理，可生产低成本的赛隆结合的耐火材料。用黏土和其他材料，如可塑黏土、高岭土、碳或者煤在氮气流中加热的方法，是众所周知的制备赛隆的半工业方法，其合成温度为 1400~1450℃。赛隆的产量随黏土原料 Al_2O_3/SiO_2 比例的增大而提高。用高岭土生产 β′-Sialon 的总反应式如下：

$$3(Al_2O_3 \cdot 2SiO_2 \cdot 2H_2O) + 15C + 5N_2 \longrightarrow 2Si_3Al_3O_3N_5 + 15CO + 2H_2O \tag{3-24}$$

式（3-24）的反应主要由三步组成。

（1）加热至反应温度时，高岭土分解生成莫来石和二氧化硅：

$$3(Al_2O_3 \cdot 2SiO_2 \cdot 2H_2O) \longrightarrow 3Al_2O_3 \cdot 2SiO_2 + 4SiO_2 + 6H_2O \tag{3-25}$$

（2）在第一步反应温度下，生成的 SiO_2 和 C 反应生成 SiC：

$$SiO_2 + 3C \longrightarrow SiC + 2CO \tag{3-26}$$

上述两步反应与氮气的外压力无关。

（3）在出现液相和通氮气的情况下，莫来石被 SiC 和 C 还原及氮化生成新相：

$$3Al_2O_3 \cdot 2SiO_2 + 3C + 5N_2 \longrightarrow 2Si_3Al_3O_3N_5 + 7CO \tag{3-27}$$

具体方法为：将高岭土研磨至 8～10μm 的超细粉末，其中小于 2.0μm 的颗粒占 50%以上。为了除去粉料中的 K_2O、Na_2O、CaO、MgO 和 Fe_2O_3 等杂质，可采用 HCl：HNO_3＝1：1 进行酸洗处理。

将高岭土粉末和炭黑按高岭土中 C/SiO_2 的质量比约为 3.5 进行混合，然后在 45MPa 的压力下压成块度约为 10mm 的小坯块。这些小坯块在氮气中加热（从 1250℃→1350℃分档次保温 1～7h），在 800℃下应保温 2h，以除去游离碳（fC）。由此，在 1350℃时于氮气中用高岭土粉末和炭黑便生产出了高纯度的 β′-Sialon。

在用高岭土作为原料的情况下，最终产品中氮的吸收量和伴生相的消失，对原始混合物中的碳含量，从理论含量（质量分数）到 10%低碳区，其变化非常敏感。

3.1.4.2 利用铝燃烧法合成 β′-Sialon

将非晶质 SiO_2 和铝粉末（质量分数为 99.5%）的混合物用电击点火燃烧，用燃烧过的产物作为制备赛隆的原料。其反应式为：

$$3SiO_2 + 4Al = 3Si + 2Al_2O_3 \tag{3-28}$$

根据这个反应可求出使 SiO_2 全部还原所需 Al 的理论质量，SiO_2 和 Al 的质量比为 62.5：37.5。但是，一些铝粉有可能会气化，或者成为铝熔块使 Al 和 SiO_2 之间的接触面减少，从而造成 SiO_2 不完全还原。通常，添加 40%以上铝粉即可使 SiO_2 还原为 Si，其主要物相为 Si 和 Al_2O_3 过量的铝，后者会与空气中的氮气反应生成 AlN（随 Al 量的增加该反应更加明显）。

烧结块研磨至小于 63μm 的粉体，在 50MPa 压力下压成块度约 100mm 的坯块，于氮气中在 1400～1450℃之间保温 10～20h，最后在 1600～1850℃之间保温 1h。

在 1400～1600℃氮化后的物相为 β′-Sialon、15R-Sialon、Al_2O_3 和 AlN。在 1750℃下氮化后的全部相转变为 β′-Sialon 和 15R-Sialon。

3.1.4.3 用 Si_3N_4 和 Al_2O_3、AlN 为原料合成 β′-Sialon

在高温烧结之前，于 Si_3N_4 中加入等摩尔的 Al_2O_3、AlN 将会得到重要的单相 β′-Sialon。

前面已经了解到，Si_3N_4-Al_2O_3 系统不论是常压还是热压烧结，在 1700℃都可得到接近理论密度的烧结体。β′-Sialon 合成时的致密化可以认为是在有液相参与下的烧结（液相烧结），X 相在 1600℃变为液相，该液相在烧结时促进致密化，但随后又结晶出 β′-Sialon 而成为单相陶瓷材料，所以 X 相的作用可以解释为过渡液相的烧结。

3.2 耐火原料的烧结

粉状或非致密性物料经加热到低于其熔点的一定温度范围，发生颗粒黏结、结构致密、密度增加、晶粒长大、强度和化学稳定性提高等物理变化，使材料成为坚实集结体的过程称为烧结。其中，无液相存在的烧结称为固相烧结，有少量液相存在的烧结称为液相烧结。

3.2.1 固相烧结

固相烧结是物料在没有液相存在的烧结，下面分别进行分析。

3.2.1.1 概述

固相烧结是陶瓷、耐火材料和金属等生产的关键工序之一。一般说来，固相烧结并不都是化学反应的作用，而往往是简单地将粉末物料成型坯体或压密块加热，使之成为坚实的物体，不一定发生化学反应。因此，烧结过程是物料在适当的时间、温度、压力与气氛条件下，通过传质或围绕气孔迁移而增大了接触程度。

在烧结过程中要发生两种变化，即：

(1) 晶粒形状与大小的变化；

(2) 气孔形状与大小的变化。

气孔形状与大小的变化主要是指原来的成型多孔坯体或压密块转变为致密烧结体所发生的变化。

成型粉末坯体或压密块在烧结前是由许多单个颗粒（在某些场合下为单个晶粒）组成的，它们被 1/4～3/5 体积的气孔所分隔开（相对密度为 0.4～0.75），气孔率的大小和气孔的分布取决于所用的原料和成型操作方法或压密技术。

图 3-10 和图 3-11 描述了烧结过程中成型坯体或压密块发生颗粒重排与收缩现象。

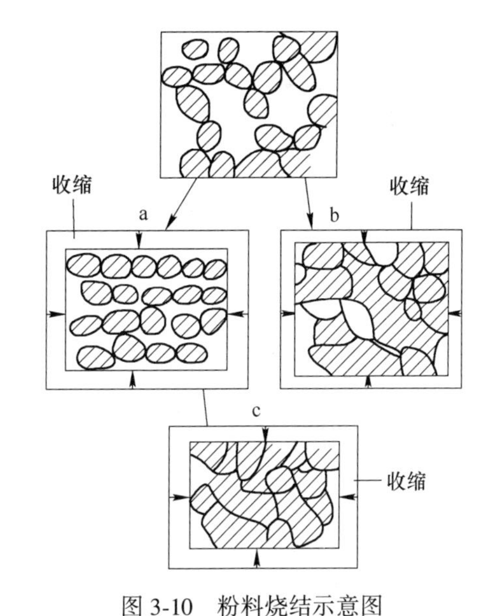

图 3-10 粉料烧结示意图

a—颗粒重排；b—内部大气孔残存；c—内部气孔完全排除

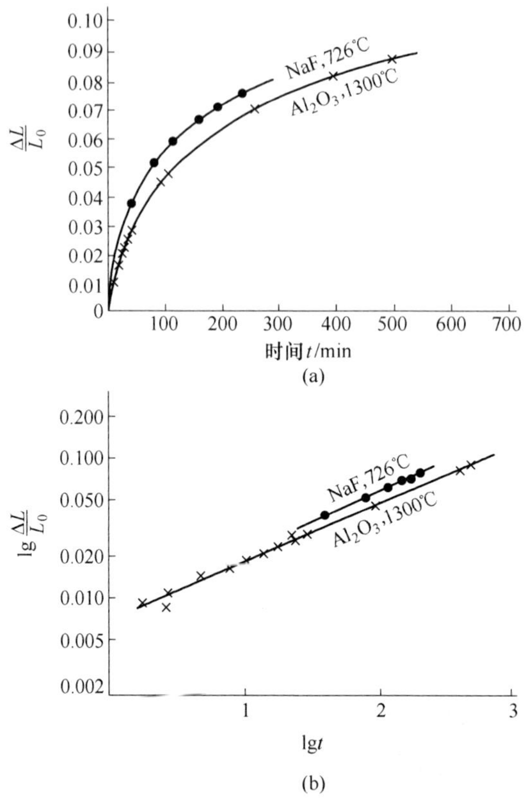

图 3-11　NaF 和 Al_2O_3 压块收缩曲线

（a）线性坐标；（b）对数坐标

在加热成型坯体或压密块时，温度最终将达到离子的无序运动十分频繁致使相邻质点形成颈部结合。在烧结过程中，可以察觉到的收缩取决于质点的大小和离子扩散速率之比，提高烧结温度将使这一过程成指数倍增长。伴随收缩而来的是气孔的封闭，其中小气孔首先封闭，随着收缩过程的继续，一直进行到所有气孔都被封闭，气孔收缩使其尺寸减小，该过程要进行到气孔的表面张力与气孔内部的气体压力达到平衡时才能停止。

固体物质初期烧结的几种机理如图 3-12 所示。图 3-12 中的（a）和（b）相对应于图 3-10 中的 a 和 b。在一定烧结条件下的特定系统中，真正对烧结工艺起显著作用的是哪一种或哪几种机理，完全取决于它们的相对速率。因为每一种物质迁移过程都是降低系统自由能的方式，不同的是有的物质迁移过程不引起颗粒中心间距的任何减小，因而烧结过程并不导致压密体收缩和气孔率降低；相反，另一些过程则要引起烧结物料收缩和气孔的消失。

对于一个实际的系统来说，烧结时从起始状态到终点状态大致可以用图 3-13

来表示，由状态 a 及 b 到状态 c、d 及 e 主要通过烧结时物质由结构的这一部位传递到另一部位而获得。在这类变化中，起始时存在的气孔可能改变形状，变成槽状或孤立的球形，而不改变其大小（见图 3-14 中的 a)，但常见的是气孔大小和形状在烧结过程中都要发生改变；当烧结继续进行时，气孔在形状上变得更接近球形，并且尺寸变得更小如图 3-14 中的 b 所示。

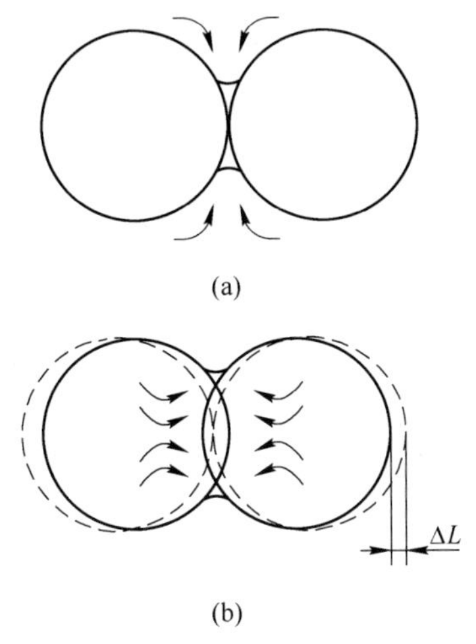

图 3-12 烧结时物质迁移机理

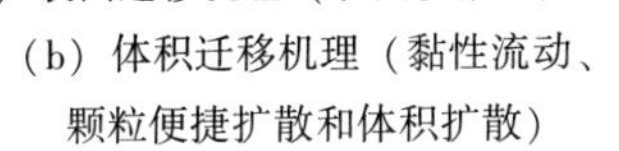
（a）表面迁移机理（表面扩散和蒸发）；
（b）体积迁移机理（黏性流动、颗粒便捷扩散和体积扩散）

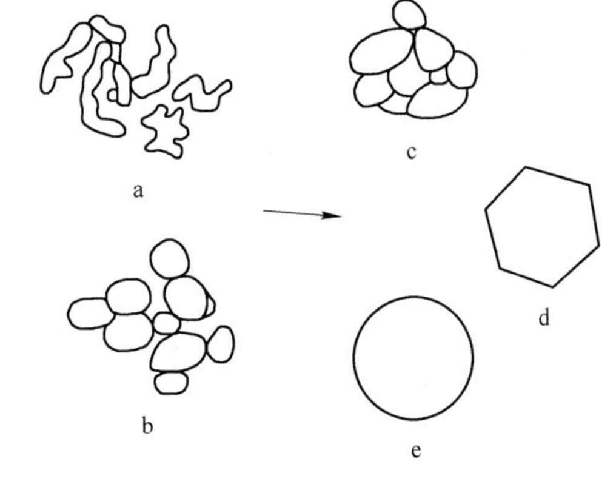

图 3-13 对物质加热处理使活性氧化物稳定化

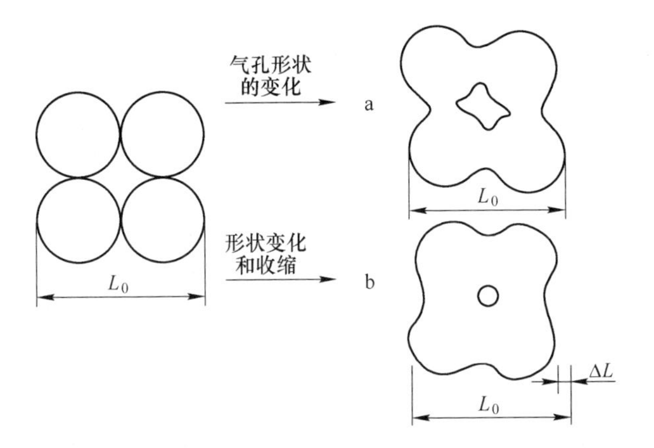

图 3-14 气孔形状的变化

随着烧结的进行，由于动力学条件要发生改变，所以在整个烧结过程中将会出现不同的阶段。按照科布尔（Coble）的见解，烧结过程一般分为初期、中期和终期三个阶段，各阶段主要是以过程中某些物理变化（如收缩、气孔数与形状等）特征为依据进行划分。烧结初期，松散颗粒聚集，如果用圆球模型表示颗粒接触，起初颗粒间接触由点开始，增加颗粒平均接触面积的20%，产生收缩的过程需要两个颗粒之间的物质迁移来填充颈部，使密度增加。因此，这一阶段的收缩取决于颈部长大。另外，不需要收缩时，在这一过程中物质从颗粒周围迁移来填充相邻两颗粒之间的颈部。

在图3-14中a所示情况下，由于颈部长大，可产生百分之几的收缩，相对密度值为0.4~0.5的压块可以增加到0.5~0.6。

在图3-14中b所示情况下，由于不产生收缩，颈部长大，只改变气孔的形状，并不改变相对密度的大小。

根据上述情况，一般认为在烧结初期阶段内只是颈部长大，晶粒大小不发生变化。但用SEM扫描电镜观察发现，所有的微细晶粒都长大，即证明初期烧结也有晶粒长大的情形。

随着烧结温度上升，晶界开始移动，晶粒显著长大，烧结进入中期。在烧结中期内，气孔一般充填于三个晶粒间，呈管状互相交叉连通（见图3-15），气孔数明显降低，压密块或坯体的密度达到理论密度的90%以上。

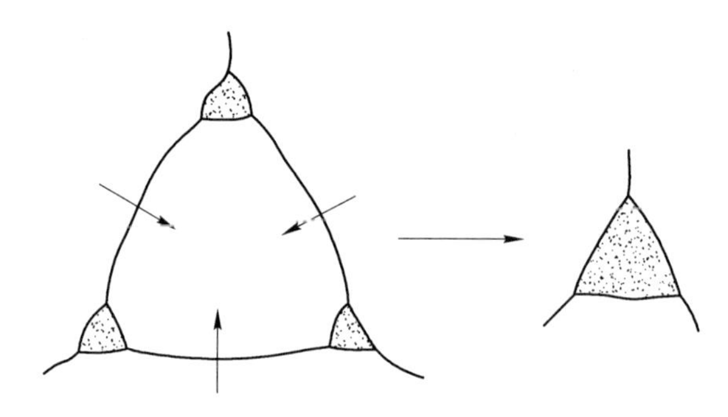

图3-15 气孔充填于三个晶粒间在晶粒长大时气孔聚结

烧结终期为闭口气孔阶段，气孔逐渐孤立，晶粒不断长大。一般气孔随晶界一起移动，直到致密化进行到底，气孔完全排除。因为在烧结终期晶界移动非常容易，个别晶粒有可能急剧长大，将未排出的某些气孔包裹于晶体内。当这些包裹气孔与晶界连接或距晶界近时，能较容易通过扩散排除，若离晶界远时，则难以排除。

在实际中，由于颗粒与聚结颗粒部分粒度是连续的，加上压型时充填不均及晶界能的各向异性，一般还会存在气孔降低晶粒成长的中间阶段。即在一相同尺寸球形颗粒充填的理想系统中，其表面能与界面能具有各向同性，因而不会存在中间阶段。当气孔封闭时，大晶粒形成的残余气孔间距增加。可见，初、中期的长短取决于粉体特性与充填特征。

3.2.1.2 Bannister 方程

按照班尼斯特（Bannister）的观点，初期烧结速度公式在等速升温过程中一般可用式（3-29）表示：

$$d(\Delta L/L_0)/dt = k/(\Delta L/L_0)^n \tag{3-29}$$

式中，$\Delta L/L_0$ 为发生烧结收缩的函数；L_0 为粉体压块烧结前的尺寸；t 为烧结时间；k，n 为速度常数和指数 n 与粒子的几何形状和物质迁移原理有依赖关系。

烧结球形粒子时，可以用下述方案作为研究对象。

烧结为体积扩散时：

$$k = 1.95\gamma\Omega D_V/(Kr^3T) \qquad n = 1 \tag{3-30}$$

烧结为晶界扩散时：

$$k = 0.48\gamma\Omega D_0\delta/(Kr^4T) \qquad n = 2.1 \tag{3-31}$$

式中，γ 为表面能；Ω 为关于支配反应速度晶种的原子或每个离子迁移的化合物的体积；D_V 和 D_0 为各自的扩散系数；δ 为缩颈宽度；K 为玻耳兹曼常数；r 为粒子半径；T 为绝对温度。

在等温烧结条件下，k 为常数，可由 $t=0\to t$，$\Delta L/L_0=0\to\Delta L/L_0$ 对式(3-29)积分：

$$(\Delta L/L_0)^{n+1} = (n+1)kt \tag{3-32}$$

烧结前后试样的比体积（V）和相对密度（u）存在如下关系：

$$Vu = V_0u_0 \tag{3-33}$$

以及

$$\Delta V \approx 3\Delta L/L_0 \tag{3-34}$$

由式（3-33）和式（3-34）可导出以下公式：

$$u = u_0/[1 - 3(\Delta L/L_0)] \tag{3-35}$$

由此得到，烧结为体积扩散时：

$$u = u_0/\{1 - 3[3.90\gamma\Omega D_v/(Kr^3T)]^{1/2}\} \tag{3-36}$$

烧结为晶界扩散时：

$$u = u_0/\{1 - 3[1.88\gamma\Omega D_0\delta/(Kr^4T)]^{1/3}\} \tag{3-37}$$

在等速升温烧结的条件下，由于烧结速度常数 k 是温度的函数，可记为：

$$K = k_0\exp[-Q/(RT)] \tag{3-38}$$

设 $dT/dt=a$ 代入式（3-29），并忽略低温下的收缩，对于 RT 在 Q 很大时，由 $T=0\to T$，$\Delta L/L_0=0\to\Delta L/L_0$ 时积分后整理得：

$$(\Delta L/L_0)^{n+1} = kRT^2(n+1)/(aQ) \tag{3-39}$$

将式（3-39）代入式（3-35）中得：

$$u = u_0/\{1 - 3[kRT^2(n+1)/(aQ)]^{1/(n+1)}\} \tag{3-40}$$

其中 n 值可用来判断烧结机理，但它与原始物料颗粒形状和烧结温度有依赖关系，即随着烧结温度的上升，n 值有增大的趋势。例如，由碱式碳酸镁制取的活性 MgO，在等速升温的条件下烧结，其 n 值变化情况如图 3-16 和图 3-17 所示。

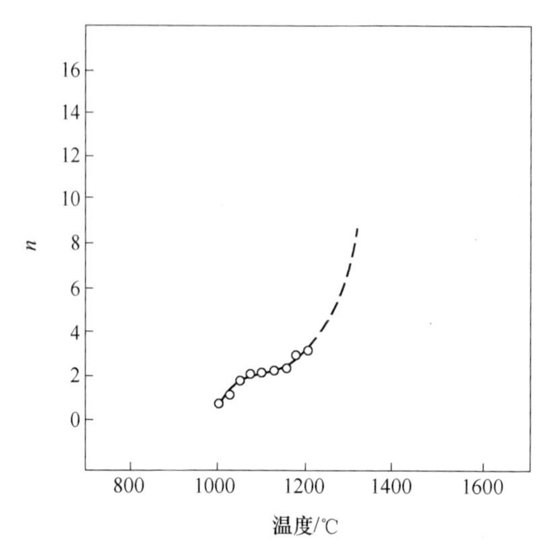

图 3-16　在烧结期间 n 值对温度的依赖关系

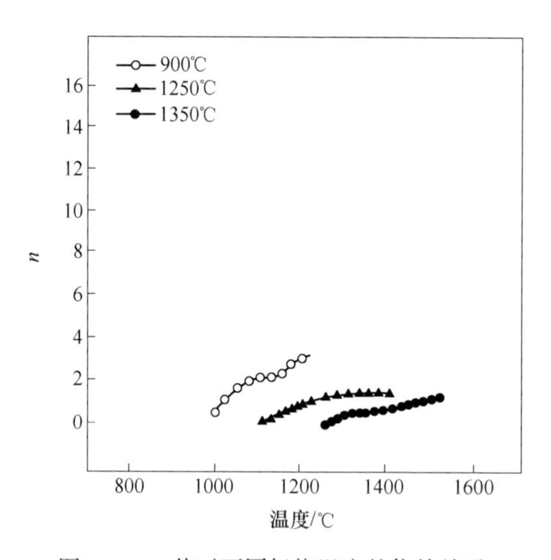

图 3-17　n 值对不同轻烧温度的依赖关系

3.2.1.3　黏滞流动烧结

固体物质等温烧结也可以按黏滞流动机理进行，该机理认为固体物质烧结时的物质迁移或者扩散的结果从某种角度来看相当于黏滞流动。由于这种流动发生在物料压密体内部每个接触点上，因而使得整个压密体的体积发生收缩。

Boon Wang 指出，在所有情况下，晶体长大和压密体体积收缩的物质迁移由两步完成，如图 3-12 所示。

其中，较慢的一步是控制烧结动力学方程的关键因素，但它决定于烧结条件。

A 物质由固/气/固颈部区域迁移到自由表面控制烧结的动力学方程

在物质由颈部区域迁移到自由表面控制动力学方程的情况下，开始颈部的固/气/固三线间形成平衡二面角。由于物质由晶界迁移到固/气/固颈部区域较快，并很快形成反曲面，反曲面与自由表面间存在空位浓度梯度［见图 3-12 中的（a)］，从而对烧结提供了动力。

在烧结最初阶段，饶东生推导出的压密体气孔率（$\varepsilon=1-u$）降低速度（$\mathrm{d}\varepsilon/\mathrm{d}t$）为：

$$\mathrm{d}\varepsilon/\mathrm{d}t = -AD_{\mathrm{V}}\Omega\gamma_{\mathrm{sg}}N^2/(KT) \tag{3-41}$$

式中，A 为常数；D_{V}为体积扩散系数；Ω 为分子（离子或原子）体积；γ_{sg}为表面自由能；K 为玻耳兹曼常数；T 为绝对温度；N 为单位体积内互通气孔数。

对于给定的充填密度，晶体尺寸决定单位体积内晶粒数，因而烧结初期动力学方程式可由式（3-41）积分得：

$$\varepsilon - \varepsilon_0 = -AD_{\mathrm{V}}\Omega\gamma_{\mathrm{sg}}N^2(t-t_0)/(KT) \tag{3-42}$$

在实际的系统中，烧结中期晶粒成长、连通气孔数或晶界数的相应降低是由于颗粒与聚结颗粒大小不一，充填情况不均而产生的。在这种情况下，可设气孔降低数服从立方定律：$N=(mt)^{-3}$（m 为系数），代入式（3-41）中积分得如下公式：

$$\varepsilon - \varepsilon_0 = -[A'D_{\mathrm{V}}\Omega\gamma_{\mathrm{sg}}/(KT)]\ln(t/t_0) \tag{3-43}$$

式中，A'为常数，$A'=A/m$。

纯 MgO 粉体压密体在空气中烧结是上述机理烧结的重要例子（详见 3.2.5 节）。

B 物质由晶界迁移到固/气/固颈部区域控制烧结的动力学方程

在这种情况下，颈部固/气/固三线间形成二面角(Φ)。开始二面角为0°，以后增加到平衡二面角。就此，饶东生推导出压密块在烧结中气孔率（ε）降低速度（$\mathrm{d}\varepsilon/\mathrm{d}t$）为：

$$[\varepsilon^{-1/2}(B_1+B_2\varepsilon^{1/2}+B_3\varepsilon)]\mathrm{d}\varepsilon/\mathrm{d}t = -A''D_{\mathrm{gb}}W\Omega\gamma_{\mathrm{sg}}N^4/(KT) \tag{3-44}$$

式中，A''，B_1，B_2，B_3 均为常数；D_{gb}为晶界扩散系数；W 为晶界宽度。

对于烧结最初阶段，N 为常数，由式（3-43）积分可得以下公式：

$$\operatorname{arctanh}(B\varepsilon^{1/2}+C) - \operatorname{arctanh}(B\varepsilon_0{}^{1/2}+C) = A''D_{\mathrm{gb}}W\Omega\gamma_{\mathrm{sg}}N(t-t_0) \tag{3-45}$$

烧结中期，当晶粒成长，气孔率（ε）降低，以 $N=(mt)^{-1}$ 代入式（3-23）积分得以下公式：

$$\operatorname{arctanh}(B\varepsilon^{1/2} + C) - \operatorname{arctanh}(B\varepsilon_0^{1/2} + C) = -AD_{gb}W\Omega\gamma_{sg}/(m^{4/3}KT)(t - t_0) \tag{3-46}$$

式中，B，C 为常数，其值决定压密体气孔率与时间函数给出的曲线位置。

当压密体气孔率 $\varepsilon_0 = 54\%$，而平衡二面角 $\Phi = 140°$时，可以求得 $B = -0.43$、$C = 0.3$。

3.2.1.4 蒸发-凝聚烧结

在烧结过程中不发生收缩的烧结是蒸发-凝聚和表面扩散机理，如图 3-12（a）所示。在蒸发-凝聚烧结过程中，由于表面曲率不同，必然在系统的不同部位有不同的蒸气压，于是就有一种物质迁移趋势。不过，这种物质迁移过程只是在少数系统中才是重要的，但它可以定量地处理最简单的烧结过程。这种烧结过程的简单模型如图 3-18 所示。

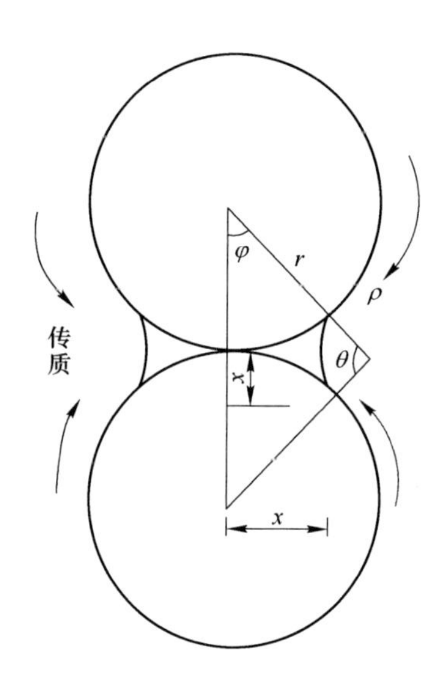

图 3-18 两球颈部生长情况（两球间距不变）

图 3-18 表明，在烧结起始阶段，互相接触的半径为 r 的两个球之间首先形成一个颈部，直径为 $2x$，凹面半径为 ρ，结果则导致凸面上蒸气压增加而凹面上蒸气压降低，两者蒸气压之差趋于使物质从表面上蒸发，经过气相，又冷凝到颈部的凹面上。经过适当的推导，即可求出颈部半径增长速率关系式如下：

$$x/r = [3\pi^{1/2}\gamma M^{3/2}p_0/(2^{1/2}R^{3/2}d^2)]^{1/3}T^{-1/2}r^{-2/3}t^{1/3} \tag{3-47}$$

式中，M 为相对分子质量；p_0 为平面上的蒸气压；R 为颗粒半径；d 为密度；t 为烧结时间；γ 为表面能；T 为烧结的绝对温度。

式（3-25）给出了颈部直径以及影响其成长速率的变量之间的关系。式中表明，颈部增大的速率只是在开始时才比较显著，但因 x/r 与 $t^{1/3}$ 的关系，颈部增大的速率很快就降低了。

蒸发-凝聚烧结的重要例子可以举出再结晶 SiC(RSiC) 的烧结。

RSiC 烧结过程的特点是：尽管颈部明显增长但并无收缩现象。对此，J. Kriegemann 应用蒸发(汽化)-凝聚机理作了如下说明。

正如早就了解到的，在 SiC 烧结过程中虽然气相内只有极少量的 SiC 分子，但认为是在 SiO_2 的参与下使 SiC 发生晶格分解。因为每个 SiC 晶粒表面有一层 SiO_2 保护膜，在温度升高时会发生如下反应：

$$2SiO_2(s) = 2SiO(g)\uparrow + O_2(g)\uparrow \tag{3-48}$$

露出新表面的 SiC 与 SiO(g) 按式（3-49）反应：

$$SiC(s) + SiO(g) = 2Si(g) + CO(g)\uparrow \tag{3-49}$$

总反应为：

$$SiC(s) + SiO_2(g) = 2Si(g) + CO(g)\uparrow + 1/2O_2(g)\uparrow \tag{3-50}$$

反应式（3-50）的左边是固态物质，而右边则是气态物质，于是可以将正反应（从左到右）理解为汽化反应（升华），而将逆反应（从右向左）看作是凝聚反应（再升华）。这种反应的动力是在表面曲率作用下蒸汽的压力差。微粒的自由表面一般呈凸形，其蒸气压比较高，在接触点范围主要是凹形弯曲，其蒸气压比较低，结果则导致 Si(g) 和 CO(g) 从高蒸气压的凸形表面蒸发迁移到凹形弯曲处进行凝聚反应，形成颈部。

RSiC 烧结的结果密度不变，强度有增加但不高。RSiC 材料这种无收缩烧结的优点是大尺寸制品烧成后能确保尺寸精确，并能使制品在使用环境中无体积变化。

3.2.2 晶粒长大

在烧结过程中，最初阶段松散颗粒聚集，气孔分数减少，接着晶粒长大。晶粒长大是晶界移动的必然结果。从能量方面考虑，晶粒长大的推动力应是储存在晶粒界面的过剩自由能的减少。

图 3-19 和图 3-20 中，弯曲晶界两边的原子 A 和 B 有不同的能量，其凸面的原子 A 处于受压状态，而凹面的原子 B 则处于受张状态。因而原子 A 的能量高于原子 B 的能量，类似于凯尔文公式，两者的摩尔能量差 ΔG 可用以下公式表示：

$$\Delta G = \sigma V(1/r_1 + 1/r_2) \tag{3-51}$$

式中，σ 为表面能；V 为摩尔体积；r_1，r_2 为晶界主曲率半径。

自由能差 ΔG 是原子自晶界凸处向凹处跃迁的推动力。这一过程相当于晶界向其曲率中心迁移，结果导致晶粒长大。

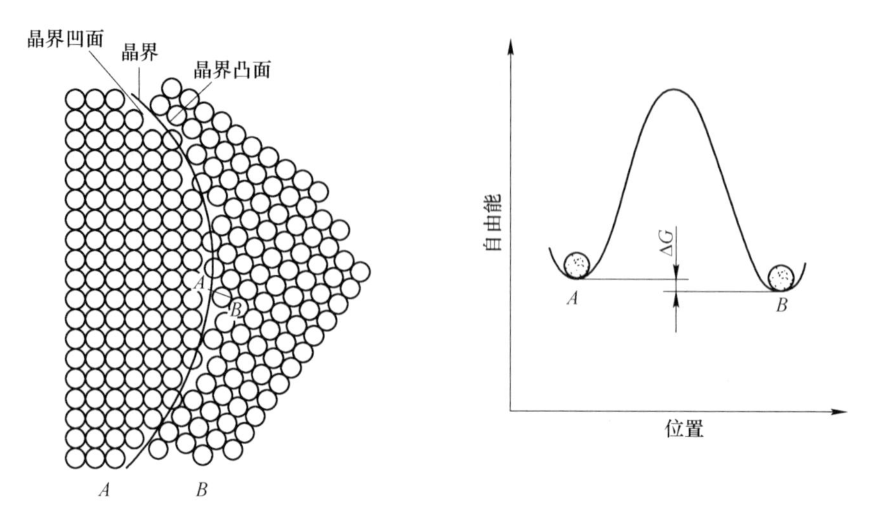

图 3-19　晶界结构示意图

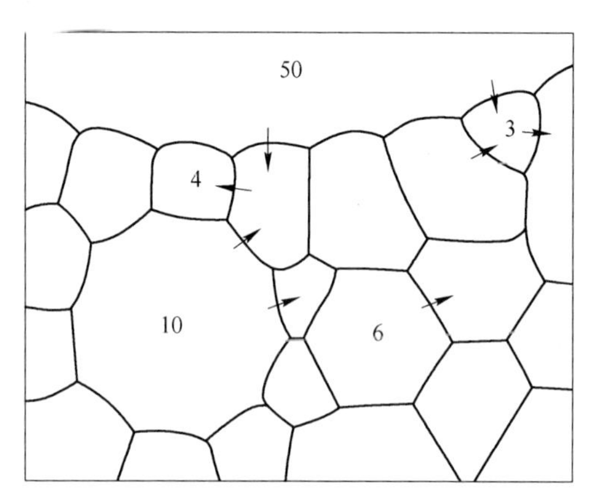

图 3-20　理想晶界结构示意图
（高纯镁砂中方镁石晶粒长大）

在晶粒长大过程中，某些晶粒尺寸的增加常常伴随有另外一些晶粒尺寸的减小或者消失，总的来看是系统晶界面积的减少和平均尺寸的增加。图 3-20 中，晶粒界面应形成 120°的角。只有六条边的晶粒的边界才有可能由直线组成，处于平衡状态。从晶粒中心向外看，少于六条边时，边界向外凸出；多于六条边时，边界向内凹陷。由于凹面的界面能大于凸面的界面能，按照能量最低状态发展的趋势，晶粒界面向着较小的晶粒中心运动，晶粒界面的这种运动起着缩短晶界的作用。

晶粒长大主要有以下三个明显的过程。

（1）初期再结晶。通过初期再结晶，在已经发生塑性变形的基质中能出现新的无应变成核和晶粒长大。

(2) 晶粒长大。通过晶粒长大过程，无应变或近于无应变的材料的平均晶粒尺寸在热处理或者烧结过程中连续增大而不改变晶粒尺寸分布。

(3) 二次再结晶。通过二次再结晶过程，使少数大晶粒长大，这种晶粒长大是以消耗基本无应变的细晶粒基质实现的。

3.2.2.1 初次再结晶

初次再结晶，也称为第一类重结晶，它是多晶体在塑性变形后，为了消除在晶体内残余应力而重新结晶的过程。

初次再结晶过程的驱动力是已产生塑性变形基质增大了的能量，虽然后者储存在变形基质的能量 2.09~4.18J/g(0.5~1.0cal/g) 仅为（或不到）熔融热的千分之一，但它提供了足够的能量变化使晶界移动和晶粒尺寸变化。

初次再结晶需要一定的时间（t_0）以形成晶核（t_0 称为孕育期），它相当于不稳定的晶芽长大到稳定的晶核尺寸所需要的时间。然后，新的无应变晶核以一个恒定的成长速率长大到能测定的晶粒尺寸（d）为：

$$d = K(t - t_0) \tag{3-52}$$

式中，K 为成长速度。

满足式（3-52）这一关系的 NaCl 再结晶如图 3-21 所示。它表明，直到晶粒开始互相接触以前成长速度保持不变；恒定的成长速率来自恒定的驱动力（等于有应变的晶体与无应变的晶体之间的能量差）；晶粒最后互相紧密接触时所存在的晶粒数决定于形成的晶核数。

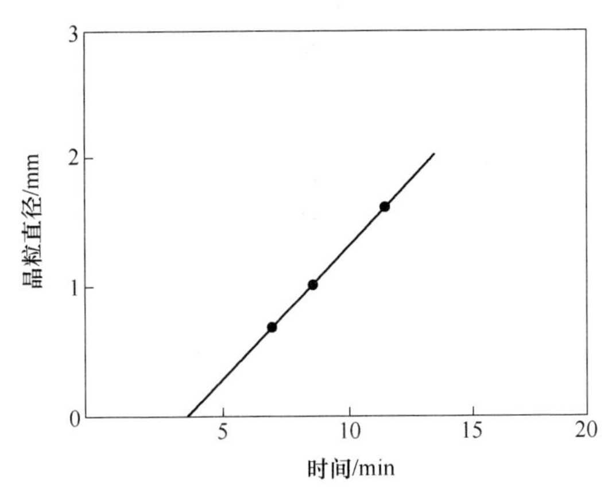

图 3-21 NaCl 的再结晶（在 400℃ 变形，在 470℃ 再结晶）

随着温度上升，成核率按指数倍增加，公式如下：

$$dn/dt = n_0\exp[-\Delta G_N/(RT)] \tag{3-53}$$

式中，n 为晶核数；ΔG_N 为实验的成核自由能。

当温度上升时，孕育期 $t_0 \sim 1/(\mathrm{d}n/\mathrm{d}t)$ 迅速降低。

晶粒成长所必需的原子迁移过程是原子从界面的一边跃迁到另一边（见图3-19），与界面中的扩散跃迁相似。因此，温度的依存关系类似于扩散的温度关系，也就是式（3-52）中的 K 存在如下关系：

$$K = K_0 \exp[-E_k/(RT)] \tag{3-54}$$

式中，E_k 为再结晶活化能，它一般介于界面扩散活化能与晶格扩散活化能之间。

式（3-53）和式（3-54）说明，成核率和成长率两者都与温度有密切的关系，所以再结晶的总速率随温度而急剧变化。若保温时间固定不变，则在不同温度下的试验表明，不是基本上不发生再结晶就是几乎完全再结晶。这就是说，只有在一个比较狭窄的温度范围内晶粒成长速度才特别快，人们称这一范围为再结晶温度。再结晶的条件如下：

（1）再结晶需要某一最小的变形量；

（2）假如变形程度小，则需要较高的温度来产生再结晶；

（3）增加热处理时间，从而降低再结晶温度；

（4）晶粒大小取决于变形的程度、起始晶粒大小和再结晶温度。

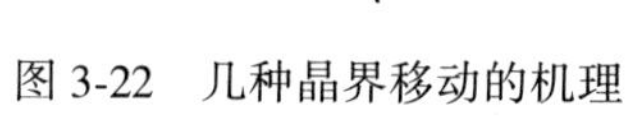

图 3-22 几种晶界移动的机理
1—气孔靠晶格扩散迁移；
2—气孔靠表面扩散迁移；
3—气孔移动靠物质的气相传递；
4，5—气孔聚合靠晶格扩散；
6—单相晶界的本征迁移；
7—存在杂质牵制的晶界移动

3.2.2.2 晶粒长大的典型机理

严东生对几种晶粒长大的典型机理进行了概括和归纳，如图3-22和表3-5所示。晶粒大小 d 可用

表 3-5 不同晶粒长大机理的动力学规律

项目	晶粒长大机理	在 $d \sim t^{-1/n}$ 中的 n 值
晶界运动控制的晶粒长大	单相体系的本征迁移（6）	2
	固溶体系有杂质牵制下晶界移动（7）	3
有第二相存在的体系（包括气孔）	第二相靠晶格扩散聚合（4）	3
	第二相靠晶界扩散聚合（5）	4
	靠在连续第二相中的扩散	3
气孔运动控制的晶粒长大	靠物质的表面扩散（2）	4
	靠物质的晶格扩散（1）	3
	靠物质的气相传递（3）	3

式（3-55）表示：

$$d \sim t^{-1/n} \tag{3-55}$$

式中，t 为时间；n 为常数。

由表 3-5 看出，仅靠测定出动力学常数 n 值并不能确定晶界迁移或者晶粒长大由何种机理支配。例如 $n=3$ 时，至少有 5 个过程（或机理）是可能的。解决这个问题的方法是：将动力学测定结果、整个过程的显微结构及微区成分分析结合起来进行分析（如气孔尺寸，气孔分布的变化，杂质元素的浓度分布，第二相物质的出现包括液相出现等），才有可能更好地确定控制晶粒长大的机理。

3.2.2.3 第二类再结晶现象

前面叙述了晶体连续长大即平均粒度不断增长或称为晶粒正常长大的情况，但实际也发现某些晶粒快速长大的情况，这种现象称为第二类再结晶或间断（不连续）性晶粒长大，也称为异常晶粒长大。例如，如果多晶体中晶粒直径参差不齐，那么个别大晶粒会有较多的小晶粒邻接，如图 3-20 和图 3-23 所示。这时，大晶粒边界曲率很大，它有较大的晶界迁移推动力，可以越过夹杂物的阻碍继续前进（见图 3-22），重建部分晶粒所需的能量可用略微减小的晶界曲率的方法补偿。这种晶粒异常长大的后果，就是使晶界体积减小，从而减少烧结的推动力，不利于材料的致密化。

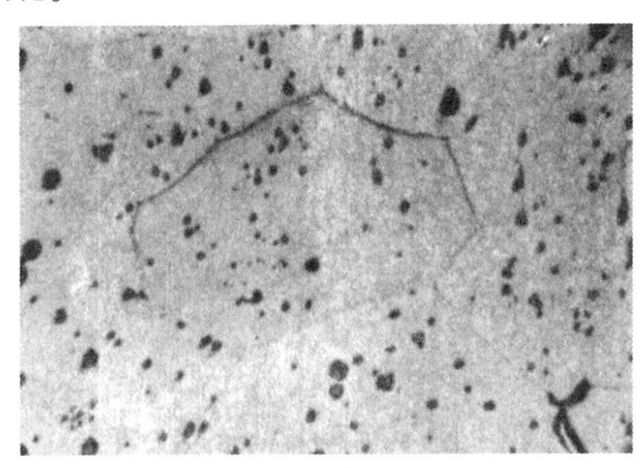

图 3-23 高纯镁砂中方镁石晶粒长大的情形

晶粒长大是通过晶粒间界的迁移而不是像在液-固或气-固生长中通过捕获很不安定的原子或分子而实现的，其推动力是储存在晶粒间界中的过剩自由能。因此，晶粒间界的运动起着缩短晶界的作用。晶界能可以看作是微晶之间的一种界面张力，而晶粒的并合使这种张力减小。很明显，从很多较小的晶粒开始的长大是快速的，但从几个稍微小一点晶粒开始的晶粒长大速度将是微不足道的。如图 3-24 所示，在大晶粒并吞小晶粒而长大时，如果 σ_{s-s} 为小晶粒之间的界面张力，σ_{s-l} 为小晶粒和大晶粒之间的界面张力，那么大晶粒要长大，则应有关系式：

$$\Delta A_{s-l}\sigma_{s-l} < \Delta A_{s-s}\sigma_{s-s} \tag{3-56}$$

式中，ΔA_{s-s}为小晶粒间界面积的变化；ΔA_{s-l}为大晶粒和小晶粒之间晶粒间界面积的变化。

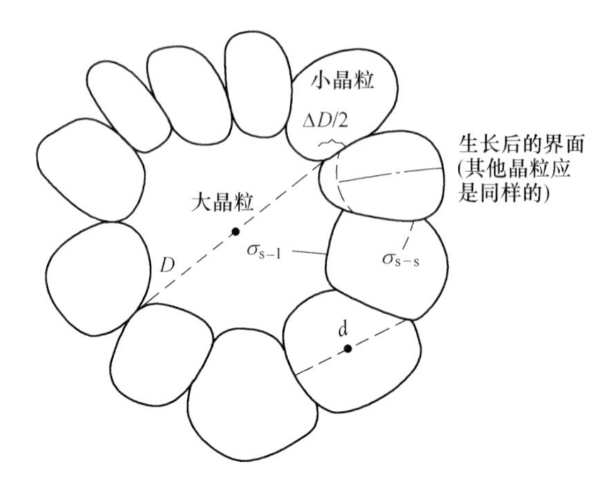

图 3-24　晶粒长大示意图

如果假定晶粒大体上是球形的，大晶粒的直径为 D，那么：

$$\Delta A_{s-s} = \Delta Dn/2 \tag{3-57}$$

$$\Delta A_{s-l} = \pi\Delta D \tag{3-58}$$

式中，n 是与大晶粒接触的小晶粒个数。

n 等于：

$$n \approx \pi(D + d/2)/d \approx D\pi/d \tag{3-59}$$

式中，d 为小晶粒直径，且 $d \ll D$。

由式（3-59）和式（3-56）得出异常晶粒长大的条件如下：

$$D > 2\sigma_{s-l}d/\sigma_{s-s} \tag{3-60}$$

异常晶粒长大一旦发生，则部分晶粒和时间呈线性关系的速度增大，此时将难以控制。

导致晶粒异常长大至少有两种情况。

第一种情况是原始颗粒尺寸分布，有一部分大得多的颗粒，到烧结后期按式（3-56）的关系，在正常晶粒长大已经稳定下来时，其中尚有晶粒仍有能力继续长大，冲破周围已达到平衡的局面，并以很快的速度长大。这就说明原始颗粒尺寸分布不当，预先为晶粒异常长大创造了条件。

第二种情况是出现有可移动的第二相质点存在于晶界上的体系，主要是气孔。晶界的迁移速度 v_g（等于晶界受到的力 F_g×淌度 M_g）随晶粒长大的变化不大，而气孔迁移速度 v_p（等于气孔受到的力 F_p×淌度 M_p）则显著依赖于气孔尺寸。所以，当晶粒长大、气孔也随着长大的情况下，在晶粒尺寸达到一定程度时，v_g将超过v_{pmax}，这时晶界即将脱离气孔，把气孔留在后面，它本身继续前进，即出现晶粒异常长大的现象。这种现象的出现可以用以下公式表示：

$$v_{pmax} < v_g \quad (3\text{-}61)$$

$$F_{pmax} B_p < (F_g - NF_{pmax}) B_g \quad (3\text{-}62)$$

其中，作用在晶界上的力F_p可分为两部分：(1) 由晶界曲率所产生的力F_p；(2) 在晶界上的气孔所产生的阻力NF_p，N是气孔数目。由式（3-62）可得：

$$F_g > NF_{pmax} + F_{pmax} B_p / B_g \quad (3\text{-}63)$$

如果要使气孔和晶界不分离，就需要：

$$v_g = v_p \quad (3\text{-}63a)$$

因而可得：

$$V = F_p M_g M_p / (NM_p + M_g) \quad (3\text{-}63b)$$

当$NM_p \gg M_g$时，也就是气孔的迁移速率控制晶界运动，则：

$$v_g = F_p (M_g / N) \quad (3\text{-}63c)$$

相反，当$NM_p \ll M_g$时，也就是晶界的迁移速率控制晶界运动，则：

$$v_g = F_b M_b \quad (3\text{-}63d)$$

这也就是气孔的牵制作用对晶界运动几乎不起作用的情况。

这样看来，晶粒异常长大就是在显微结构上造成上述不等式出现的条件下发生的，或者首先在某局部区域发生。图3-25中，v_{pmax}对比于v_g应随晶粒尺寸增加有较大的斜率，当这两条曲线相交后，晶粒继续长大，则气孔倾向于与晶界脱离。设$B = B_p / (NM_g)$（淌度比值），按式（3-63），气孔与晶界分离的条件是

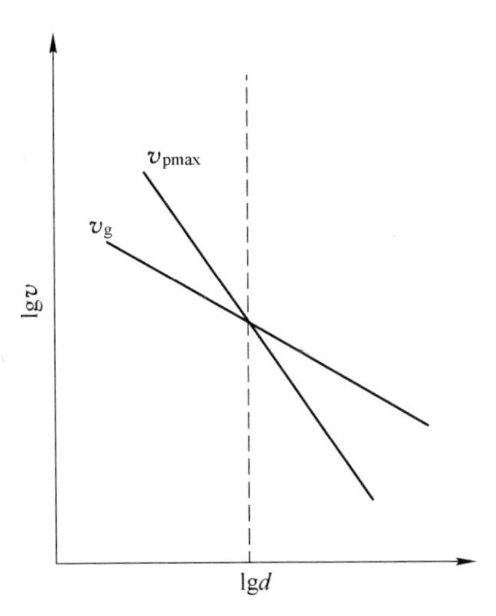

图3-25 气孔迁移速度、晶界迁移速度与晶粒尺寸的关系示意图

$B < Y - 1[Y = F_g/(NF_p)]$，而气孔与晶界结合运动的条件则是 $B > Y - 1$，此时就是晶粒正常长大（相当于图 3-24 中的左边）。而在这个区域，当 $B<1$ 时，气孔运动是晶粒长大的控制因素；当 $B>1$ 时，则晶粒迁移是晶粒长大的控制因素，见表 3-6。

表 3-6　气孔、晶界互相作用与晶粒长大的关系

气孔、晶界互相作用类型	晶粒长大类型	过程的控制因素	条件
结合运动	正常	气孔迁移	$1>B>M>Y-1$
结合运动	正常	晶界迁移	$1<B>M>Y-1$
分离运动	异常	晶界迁移	$B<Y-1$

注：$B = M_g/(NM_p)$ 称为淌度比值；$Y = F_p/(NF_g)$ 称为力的比值。

晶粒异常长大，使晶界体积减小，从而减少了烧结的驱动力，不利于材料的致密化，会导致其力学性能下降。

为了避免晶粒异常长大以提高材料的致密化程度，可借助 R. J. 布鲁克（Brook）烧结图来定性地控制烧结条件，以达到控制晶粒异常长大的目的。晶粒尺寸与气孔尺寸对气孔-晶界相互作用的影响如图 3-26 所示。

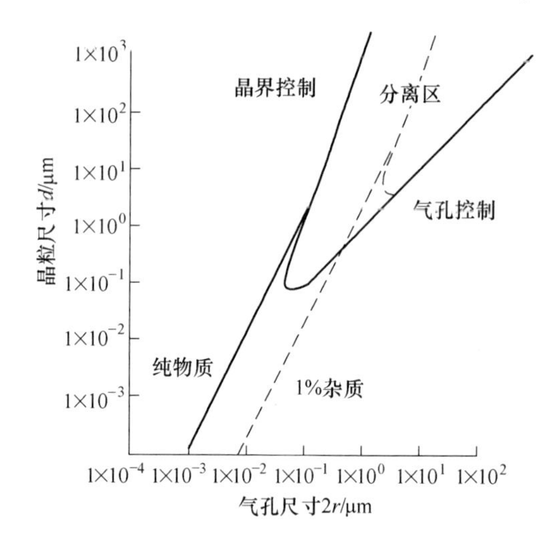

图 3-26　晶界尺寸与气孔尺寸对气孔-晶界相互作用的影响

假如采用接近这一理想模型的试样，经不同烧结温度处理后，利用显微镜观察其平均晶粒尺寸和气孔尺寸，就可以确定它在烧结图上的位置。

随着烧结的进行，气孔迅速缩小而晶粒尺寸变化不大，样品的显微结构状态应沿着图向左平移。进入烧结后期，晶粒快速长大，显微结构的位置向图的上方移动。此后，随着晶粒长大，气孔也长大，则位置又向右上方移动，很容易进入气孔与晶界的分离区，这就出现了不正常晶粒长大。

为了控制不正常晶粒长大，就应避免显微结构进入分离区。从图 3-26 和表 3-6 所示各参数和比值的关系中可以看出，为了延缓或避免进入分离区，需要提高 v_{pmax} 值，也就是提高 M_p 值，或者降低 v_b 值或 M_b 值。为了提高气孔的淌度，则希望原始气孔尺寸小或收缩得越快越好，因为 M_p 与 D_s/r^4 成正比。为了降低 v_b 值或 M_b 值，一种常用的方法就是引入添加物，使之对晶界的移动产生牵制作用。图 3-26 所示当加入 1%杂质后，气孔和晶界相互作用的结果，它表明导致晶界控制晶粒长大的区域明显扩大，分离区明显缩小。所以，如果添加剂选择得当，使它在母相晶体中有较大的溶解度，同时在晶界附近有较大程度的富集，可以对晶界运动起更大的牵制作用，有效地扩大晶界控制区，这就能使材料在烧结过程中不容易使其显微结构进入分离区，而得到较满意的显微结构。例如，在烧结 Al_2O_3 制品时加入少量极细的 MgO，MgO 和 Al_2O_3 反应生成的 $MgO \cdot Al_2O_3$，如同杂质的作用一样。在 ThO_2 中加入少量 CaO 也可起到同样的作用。

3.2.3 液相烧结

液相烧结是指有液相参加的烧结。按照液相的数量和性质不同，可以分为三大类型：

（1）纯液相的烧结，如纯玻璃物质粉料的烧结；

（2）固相在液相中不溶解的烧结，如以氧化物为基础的金属陶瓷的烧结；

（3）固相在液相中有一定溶解的烧结，属于这一类型的种类很多，如普通耐火材料和陶瓷材料的烧结。

在第（3）类材料烧结中常含有较多量的杂质，而它们又多为低熔点物质，在烧结温度下往往产生一定数量的液相，对烧结有较大的影响。下面将重点讨论这一类型的液相烧结问题。

液相烧结的动力与固相烧结相同，仍为表面能（或表面张力），只是在有液相存在时，晶体的表面能被低得多的界面能所代替。不过，界面能所施加的较小压力将会被气孔施加的毛细管引力所增强。

液相烧结过程大致可分为三个阶段，下面分别介绍。

3.2.3.1 颗粒重排

液相烧结的第一阶段主要是颗粒重排，如图 3-27 所示。在此过程中，液相对固相润湿性能起主要作用，影响烧结的参数主要是毛细管引力、界面能和润湿角（Φ）。固-液交界面之间的平衡二面角、液相的存在、产生毛细管引力作用使颗粒靠拢而变得紧密，但在烧结初期也易于使颗粒之间发生黏聚。例如，在存在液相的 MgO 系统中，Φ 增加时烧结收缩往往减少，这种差别主要发生在烧结初期阶段。这一事实说明，液相烧结并不像单相粉末烧结初期那样，收缩决定于固相粒子使自己重排的能力。在这种情况下，只要有一点晶粒黏在一起的趋向就会阻碍收缩，因为易于引起黏聚的毛细管引力是随着 Φ 增大而增大的，所以收缩必定随着 Φ 增大而减少。这说明了含有液相的 MgO 系统，其致密化程度为什么会随着 Φ 增大而减少的原因。Φ 值随 CaO/SiO_2 比的增大而增大，如 MgO-CaO-SiO_2 三元系相平衡图所表明的，被 MgO 饱和的液相中的 MgO 浓度随 CaO/SiO_2 比的增大而降低，按式（3-64）计算：

$$\Phi = 2\arccos(\gamma_{s-s}/\gamma_{s-t}) \tag{3-64}$$

只能是 γ_{s-t} 随 CaO/SiO_2 比的增大而增大，说明固相和液相之间的组成差别增大时会使 γ_{s-t} 增大。

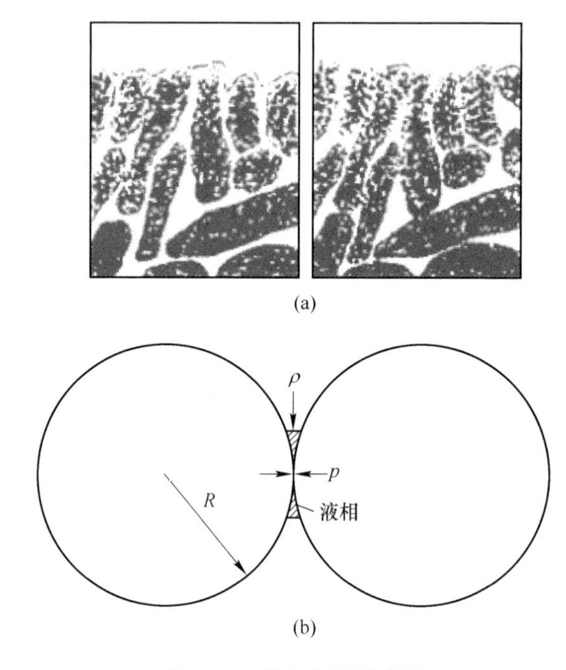

图 3-27 液相作用示意图

（a）颗粒在液相作用下重排；（b）颗粒间颈部液相

颗粒重排过程是否能达到高密度，与液相数量无关。当液相总量达到 35% 时，依靠重排即可达到高度致密化；当液相总量低于 35%时，其致密化还需要靠下一阶段来完成。

根据在液相完全润湿球形颗粒的情况下所推导的收缩方程式可以用来说明一些金属粉末和陶瓷材料的液相烧结过程。而在液相部分润湿固相的情况下，则应用两步烧结模型来描述，如图 3-27 所示。这种烧结是通过两个球形颗粒之间的毛细管引力而引起颗粒的重排过程。其中，液相的黏度、表面张力等基本性质对烧结过程有重要影响。液相的黏度越小，对固相的润湿性就越好，即越有利于烧结；而且，由于物质在液相中的扩散速度通常比在固相中快，所以人们认为液相的出现总是有利于烧结中的物质迁移过程。但液相出现反而阻碍烧结的例子也不少，液相黏度降低和对固相润湿改善也并非总是有利于烧结的。例如，CaO 和白云石的烧结，在 $CaO-Al_2O_3-SiO_2$ 系统的液相中引入 Na_2O 时则降低了液相的黏度并改善了对固相的润湿，却使 CaO 和白云石的烧结恶化。此外，在橄榄石和刚玉等的烧结中也发现了类似现象。

3.2.3.2 颗粒溶解-沉析

液相烧结第二阶段所发生的过程主要是颗粒的溶解沉析过程。当固相和液相的化学性质接近时，液相不仅会润湿固相，而且对固相有一定的溶解能力。在这种情况下可以认为，在颗粒重排以后，紧密堆积的颗粒就被一层薄的液膜分开，由于经过重排，接触紧密，因此颗粒间的液膜厚度是很薄的。液膜越薄，颗粒受压力就越大，如图 3-27（b）所示。由于该压力的作用，使颗粒接触处的物质溶解度提高。该接触处的物质不断溶解，然后迁移到其他表面上沉析，这一过程又称为溶解-沉析过程。由于颗粒接触处物质不断溶解，使两颗粒中心距离缩小，因而继续产生收缩，材料密度继续增加。这一阶段的相对密度有如下关系：

$$u = u_0 / \{1 - 3[K\sigma LDCVt/(RTr^{-4})]^{1/3}\} \tag{3-65}$$

式中，K 为一个与颗粒半径（r）和堆积情况有关的几何常数，约为 6；σ 为液相表面张力；L 为颗粒间液膜厚度；D 为被溶解物质在液相中的扩散系数；C 为固体在液相中的溶解度；V 为被溶解物质的摩尔体积；R 为气体常数；T 为绝对温度。

在液相含量高时，由于出现封闭气孔，速度要相对小一些。在动力学上，由于固体物质含量较大，不能看作是纯牛顿型的流体，而是在作用力超过 f 时，流动速度才与作用的剪应力成比例（宾汉式流体），计算公式如下：

$$\mathrm{d}u/\mathrm{d}t = [3\gamma/(2r\eta)](1-u)\{1-[fr/(2^{1/2}\gamma)]\ln[1/(1-u)]\} \tag{3-66}$$

式中，η 为作用力超过 f 时液体的黏度。

f 值越大，烧结速度越低。当式（3-66）中大括号中的数值为 0 时，$\mathrm{d}u/\mathrm{d}t$ 也趋向于 0，此时的相对密度为：

$$u = 1 - \exp[-2^{1/2}\gamma/(fr)] \tag{3-67}$$

为了达到致密烧结，应选择最小的 r 和最大的 γ。在实践中，选择小的 r 是可能做到的。

在陶瓷生产中，固相和液相的化学性质很接近，不仅有完全的浸润性，而且固体物质在液相中有可溶性。从相图中可读出溶解度，虽然在烧结时达不到平衡状态，但是已经指出了溶解的可能性，在烧结过程中又增加了一种溶解-沉淀机理。

溶解机理也与颗粒的表面情况有关，弯曲面的溶解度大于平面的溶解度。各种粒度混合的物料中仍然是小的颗粒被消耗而使大的颗粒长大。

溶解-沉淀过程包括以下几个方面。

（1）离子脱离不完整的、小的晶体 $(A_nB_m)_s$ 进入熔体 $(C_nD_m)_l$ 中而形成熔盐溶液 $(A_nB_m-C_nD_m)_{s-l}$：

$$(A_nB_m)_s + (C_nD_m)_l \rightarrow (A_nB_m - C_{n'}D_{m'})_{s-l} \tag{3-68}$$

在该过程中有两种能量效应：

E_1——离子脱离不完整的、小的晶体进入液相所需要的能量；

E_2——进入液相后形成熔盐溶液所需要的能量，即熔盐溶液的混合能。

同样，完整的、大的晶体中的离子也会溶入液相中，不同的仅仅是所消耗的能量不同。

（2）由于不完整的、小的晶体的溶解度比完整的、大的晶体的溶解度大，在它们附近的熔体之间存在着烧结相离子浓度差，于是发生由不完整的、小的晶体周围向完整的、大的晶体周围扩散的现象。

（3）当完整的、大的晶体周围熔体中烧结相的离子浓度大于它的溶解度时，即产生向完整的、大的晶体 $(A_nB_m)_b$ 之上的结晶过程：

$$(A_nB_m - C_{n'}D_{m'})_{s-l} \rightarrow (C_{n'}D_{m'}) + (A_nB_m)_b \tag{3-69}$$

这一步骤也存在两种能量效应：

E_3——破坏熔盐溶液结构所需要的能量；

E_4——离子由液相进入完整的、大的晶体所需要的能量。

至此，完成了一次通过液相的物质迁移过程，其总能量 E 等于：

$$E = E_1 + E_2 + E_3 + E_4 \tag{3-70}$$

由于 $E_2 = -E_3$，故

$$E = E_1 + E_4 \tag{3-71}$$

不难推得，E_1 和 E_4 互为异号，其和应等于完整的、大的晶体和不完整的、小的晶体的晶格能之差。可见，就离子的迁移而言，液相出现并未改变物质迁移过程的驱动力，而仅仅开辟了一条阻力小的通道。

实际的物质迁移过程为上述两步中最慢的一步所控制。当过程由第一步的扩散控制时，液相的黏度为决定因素；当过程由第二步的扩散控制时，熔盐溶液的混合能为决定因素。如果混合能为大的正值，那么晶体中的离子不易进入到熔体中去；反之，如果混合能为大的负值，那就会形成结构相当稳定的熔盐溶液，阻碍结晶过程的进行。所以只有当生成的液相为一接近于理想溶液的熔盐溶液时，它才能成为一条力小的通道。

李楠认为，对于同离子体系 $A_nB_m - A_nC_{m'}$（$n > n'$，z 为 A 的价数），用半定量溶解参数 $f(r)$ 来衡量混合能的大小时：$f(r) = z^2nn'/[m(r_A + r_B)] + z^2n'^2/[m'(r_A + r_C)] + 2z^2nn'^2[n'/(nm') + 1/m]/(2r_A + r_B + r_C)$　　(3-72)

对于相关盐偶系 A_nB_m-$C_{n'}D_{m'}$（z、z'分别为 A、C 的价数），$f(r)$ 为：

$$f(r)=zz'n'\{n+nzm'/(n'z')/[m'(r_A+r_B)]+nzz'(m+nz/z')/[m(r_B+r_C)]-nz^2(n+m)/[m(r_A+r_B)]-n'z'z(n'+m')/[m'(r_C+r_D)]\} \tag{3-73}$$

式中，r_A、r_B、r_C、r_D分别为 A、B、C、D 各离子的半径。当$f(r)>0$时，主溶液呈负偏差；当$f(r)<0$时，主溶液呈正偏差；只有当$f(r)$值接近 0 时，溶液才接近理想溶液。

凡是阻碍烧结的加入物，它和被烧结物料所形成的熔盐溶液的$f(r)$绝对值均较大；而促进烧结的加入物，它和被烧结物料所形成的熔盐溶液的$f(r)$绝对值均较小。

不过，$f(r)$公式只是一个半定量公式，利用一度空间模型只考虑了第二配位层同离子的排斥能的变化（对同离子体系）或第一配位层离子静电吸引能的变化，没有考虑共价性的影响，因而对共价性强的物质是不适用的。

加入物对烧结的影响是很复杂的。在液相生成以前，它可以对固相产生影响。例如，有研究 $MgCl_2$ 对 MgO 烧结的影响时发现，在液相生成以前，Cl^-的存在有利于 MgO 晶粒长大；而当温度超过 MgO-$MgCl_2$ 系低共熔点（约 700℃）以后，会使 MgO 晶粒长大的作用减弱，可以认为这是由于所生成的液相的结构阻碍了通过液相的物质迁移过程。

由以上讨论可以看出，毛细管压力是通过同时发生的几种不同过程导致致密化的。

（1）形成液相时颗粒开始重排，以达到更有效的密堆。如果出现的液相体积足以填满全部空隙，那么这个过程就能导致完全致密化。

（2）在颗粒间有桥梁的接触点存在高的局部应力时，它能导致塑性形变和蠕变，使颗粒进一步重排。

（3）在烧结过程中，通过液相进行物质传递，较小的颗粒溶解，而较大的颗粒长大。因为施加的毛细管压力是持续不断的，所以在晶粒长大和晶粒形状变化期间，颗粒仍进行重排并产生进一步的致密化。

（4）在液体穿入颗粒之间的情况下，在接触点上增大毛细管压力会导致溶解度增大，以致使物质从接触区域传递出去，结果使颗粒中心互相靠近并产生收缩。

（5）如果不出现完全润湿，那么形成固体骨架的再结晶和晶粒长大就不会发生，从而使致密化过程减慢，然后停顿下来。

有液相出现的烧结，可能是比固态烧结过程更为复杂的过程，因为前者有许多现象同时发生。研究已表明会发生每一种现象，但是把单一过程孤立起来加以分析的一些试验系统还不能令人信服地做出演示。显然，有液相出现的烧结过程需要细颗粒固相以产生必要的毛细管压力，该压力与毛细管直径成反比。

对于方镁石颗粒在硅酸盐熔液中的晶粒长大来说，二面角对晶粒长大过程具有巨大的影响，如图 3-28 所示。虽然二面角等于 0°时不是发生液相烧结所必需的，但当接近这种理想状态时，该过程变得更为有效。

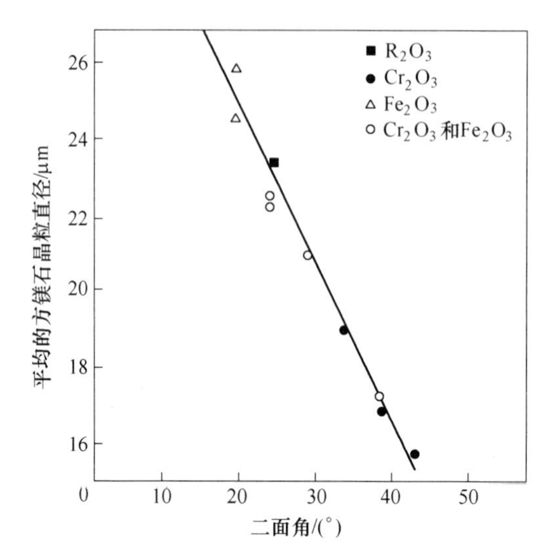

图 3-28　在液相烧结的方镁石-硅酸盐组成中，方镁石晶粒长大与二面角的函数关系

3.2.3.3　晶体长大

液相烧结第三阶段所发生的现象是晶体长大。当烧结继续进行时，由于封闭气孔的影响，使烧结速度下降。但是，如果继续在高温下焙烧，则物料的显微结构还会继续变化，即晶体长大、颗粒之间的胶结、液相在气孔中的充填、不同曲面间溶解-沉析等现象仍会继续进行，不过比较缓慢。此阶段晶体长大可按式（3-74）计算：

$$r^3 - r_0^3 = 6\sigma_{s-1}DCMt/(\rho^2RT) \tag{3-74}$$

式中，σ_{s-1}为固相与液相之间的界面能；M 为固体物质的相对分子质量；ρ 为固体物质的密度；r_0，r 为开始时颗粒半径和长大后的颗粒半径。

由于气孔的关系使烧结过程终止。因此，如果将物料继续在高温下处理，晶粒还会继续长大。颗粒之间的胶结、液相在孔隙中的充填、曲率半径不相同的界面上溶解不相同等现象仍然继续存在。

式（3-74）说明，液相参加下的烧结，其晶体成长（r）与时间 $t^{1/3}$成比例，前面介绍的一般固相烧结时晶体成长（r）与时间 $t^{1/2}$成比例。但有时也观察到烧结后期的 r 与 $t^{1/3}$成比例，原因可能是由于少量杂质导致液相形成的缘故。

对于某些硅酸盐系统，如对 MgO-高岭土（2%）系统等进行了实验，从测得的收缩率与时间的对数值关系中，可明显地看出三个阶段的差别，如图 3-29 所示。

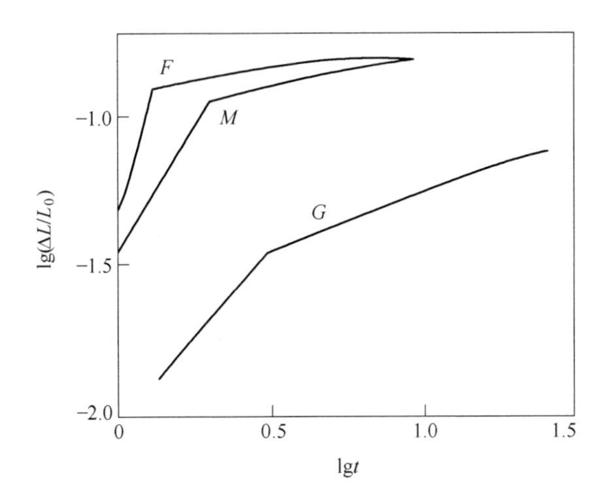

图 3-29 MgO 在 1750℃烧结时的情况

烧结前 MgO 的粒度：G—3μm；F—0.5μm；M—1μm

开始阶段曲线斜率约为 1，为颗粒重排阶段；比较粗的 MgO 在烧结第二阶段其 $\Delta L/L_0$ 与 $t^{1/3}$成比例，曲线斜率为 1/3，符合式（3-65）的要求，为溶解-沉析阶段；烧结继续进行，曲线斜率降低，烧结进入末期。图 3-29 还说明，颗粒越细，开始阶段速度进行得越快，但速度降低也较快。其原因可能是多方面的，但主要还是由于封闭气孔的形成，气孔中的气体难以排出，气压增高抵消了表面张力的作用，使烧结过程减慢，甚至停顿。

如果只考虑到熔质，例如高黏度的玻璃熔质，它比较容易通过黏性流动而达到平衡。仍然是上述的两个圆球的模型，弗仑克尔推导出颈部的增大公式为：

$$x = 3\gamma rt/(4\eta) \tag{3-75}$$

在黏度大于 10Pa·s 的条件下测得的数值与上述有差别，可能是由于黏度随时间的变化所造成的。

从式（3-75）可得出圆球颗粒组成材料的相对密度（u）为：

$$u = u_0/[1 - 9\gamma t/(4r\eta)] \tag{3-76}$$

式（3-76）只适用于烧结初期。因为物料很快就形成了互相隔离的气孔，从而改变了动力学条件，但机理仍不变。在这种情况下，相对密度与时间的关系为：

$$1 - u = (1 - u_0)\exp[-3\gamma t/(2r\eta)] \tag{3-77}$$

或者

$$\varepsilon = \varepsilon_0\exp[-3\gamma t/(2r\eta)] \tag{3-78}$$

式中，ε 和 ε_0 分别为烧结材料的气孔率和烧结起始（$t=0$）时的气孔率。

式（3-77）和式（3-78）在实验中的意义是：黏度越小，物料颗粒越细，烧结得越快；而表面能大时材料的密度也高。不过，在使用这两个公式时有一个条件，就是在气孔中的压力不能太大。在空气中，CO_2、H_2O、H_2、O_2 等的扩散速度较大，只是 N_2 的扩散速度较慢，对烧结有阻碍作用。

按照固相物质是否能溶解在液相中的条件，将有液相存在的烧结过程分为以下两类。

（1）在不溶解的情况下，只有界面能起作用，主要参数是液相的含量和浸润角。

（2）在材料的密度还未明显增大以前，由于毛细管压力的作用已使颗粒互相牢固连结。可以想象，在液相增加到某种程度（约需在容积上占 30%）时，颗粒会相对移动，排列成紧密堆集。收缩率为：

$$\Delta L/L_0 \approx t^{1+x} \tag{3-79}$$

式中，$1+x$ 的值是约大于 1。

3.2.4　热压烧结

热压烧结是制备特殊耐火部件的重要工艺过程，这种工艺方法是在烧结时加高压施以足够的烧结推动力。

热压烧结机理被认为在高压下，固体物质也具有宾汉式液体的性质，当剪应力超过一定的临界限度时就会流动，相当于有液相存在的烧结。热压烧结的推动力为 $(2\sigma/r)+F$（F 是外力），按 H. 舒尔兹的意见，相对密度增加速度（du/dt）用式（3-80）表示：

$$du/dt = 3/4\eta(2\sigma/r + F)(1-u)[1 - 2^{1/2}\tau/(2\sigma/r + F)\ln(1-u)^{-1}] \tag{3-80}$$

当外力 F 较毛细管压力 $2\sigma/r$ 大得多时，式（3-81）可简化为：

$$du/dt = 3F/4\eta(1-u) \tag{3-81}$$

或

$$\ln(1-u) = 3Ft/4\eta + \ln(1-u_0) \tag{3-82}$$

式中，u 和 u_0 分别为 $t=0$ 及 t 时材料的相对密度。

以 $\ln(1-u)$ 对时间 t 作图可得一直线，其斜率为 $3F/4\eta$。

热压烧结的优点是在比熔点低得多的温度条件下，不仅可获得理想的烧结材料，而且有些烧结物体几乎完全透明。例如，MgO 的烧结温度（T）通常为 $(0.7\sim0.8)T_s$，即约 2000℃。常压烧结虽然也有可能低于这一温度，但用很细 MgO 粉体在 140MPa 压力下仅 1150℃烧结 1min 或 900℃烧结 8min 却可以获得 $u>0.99$ 的材料。

3.2.5　影响烧结的因素

下面主要就影响固相烧结的因素进行一些必要的分析。

3.2.5.1 添加物对烧结的作用

气孔几乎排除，表明在烧结时，气孔没有被包进晶粒内部，如3.2.1中所讨论的，v_g一直没有明显也超过v_p，大多数气孔始终处于晶界上，从而可以使气孔得到有效排除。一般来说，为了得到高密度的材料，往往选用一种添加物来促进烧结和致密化。但添加物的作用并不能很容易地被确定，它们对烧结所起的作用为以下几种因素：

（1）改变点缺陷浓度，从而改变某种离子的扩散速度；

（2）在晶界附近聚集，影响晶界的迁移速度，从而减少对晶粒长大的干扰作用；

（3）提高表面能/界面能比值，直接为促进烧结体致密化增加推动力；

（4）在晶界中形成第二相，为原子扩散提供快速迁移的途径；

（5）第二相在晶界的钉扎作用，阻碍晶界迁移。

因此，要弄清一种添加物所起的作用，常常需要反复做大量的工作。

A 固溶引起的作用

添加剂对材料烧结的促进作用大致可以划分为固溶产生的效果和由液相生成所产生的效果两大类型。

以人为地促进烧结作用为目的，加入与母体不同种类的物质称为烧结添加剂，而从原料等必然带入的不同种类物质称为杂质。由于在实际操作中作为烧结用原料不可避免地带有杂质，因而使其对烧结具有积极意义就成了很重要的研究课题。

在扩散烧结的情况下，对扩散最有利的机理是空位机理，即离子通过空位进行扩散。

在理想的晶体中，离子或原子都有规则地排列起来，在其平衡位置上做简谐振动，其振幅随温度上升而增大。在这种条件下，离子或原子由于统计涨落可以离开原来晶体格网中的位置进入晶格中的间隙位置或者到表面上，而在原来位置上留下所谓空位，如图3-30所示。

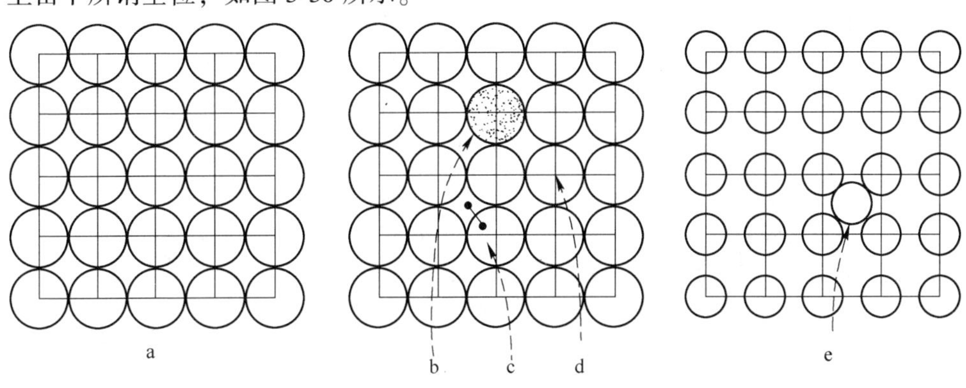

图3-30 二维示意图

a—完整晶体；b—替代杂质；c—填隙杂质；d—肖脱基缺陷；e—夫伦克耳缺陷

可见，空位是由于缺少原子而引起的晶体点阵中的空洞或空缺的点阵位置。主要空位缺陷有两类：一是夫伦克耳缺陷，在这类缺陷中，某些原子或离子迁移到填隙位置，留下了它们离开而形成的空位；二是肖脱基（Schottky）缺陷，在这类缺陷中，可能占据空位的原子不在晶体内。对于 MgO、CaO 和 Al_2O_3 等氧化物来说，夫伦克耳缺陷非常少，与肖脱基缺陷相比，可以略去不计。

空位的产生是由于受热激发的结果，故可根据热力学进行计算。例如，在 MO 类氧化物中，有 N_c 个阳离子位置产生 n_c 个肖脱基空位，由于空位是成对出现的，按电荷平衡，此晶体中有 N_a 个阴离子位置将产生 n_a 个阴离子空位。根据质量作用定律：$N_c=N_a$，$n_c=n_a$，并且形成空位对将有 $\ln[N_c!/(N_c-n_c)!n_c]\times\ln[N_a!/\ln(N_a-n_a)!n_a!]$ 种不同的方式，位置熵增加(ΔS) 为：

$$\begin{aligned}\Delta S &= KT\ln[N_c!/(N_c-n_c)!\ n_c]\times\ln[N_a!/(N_a-n_a)!n_a!]\\ &= 2KT\ln N!/[(N-n)!n!]\end{aligned} \tag{3-83}$$

如果产生一对空位的能量为 E，那么产生 n 对空位的能量为 $\Delta E=nE$，则此时系统的自由能增加为 ΔG，有：

$$\Delta G=\Delta E-T\Delta S+\Delta(pV) \tag{3-84}$$

式中，$\Delta(pV)$ 为压力和体积的乘积变化。

在上述条件下，$\Delta(pV)=0$，由式（3-83）和式（3-84）可得：

$$\Delta G=nE-2KT\ln N!/[(N-n)!n!] \tag{3-85}$$

达到热力学平衡时，自由能最小，即 $d(\Delta G)/dn=0$，由此求得：

$$E=-2KT\ln[n/(N-n)] \tag{3-86}$$

或者

$$n/(N-n)=\exp[-E/(2KT)] \tag{3-87}$$

因为 $N\gg n$，故 $N-n\approx N$，所以式（3-87）即为：

$$n/N\approx\exp[-E/(2KT)] \tag{3-88}$$

式中，K 为玻耳兹曼常数；T 为绝对温度。

E 在很大程度上取决于晶体结构和离子的特征，并且可以由统计原理进行计算。然而，这种能量的计算是困难的，因为由统计原理计算出来的数值尚需进行修正，并且由于产生阴、阳离子空位的能量不相等，所以精确的计算，对于氧化物而言，几乎是不可能的。实际测得离子晶体产生缺陷和缺陷移动的能量列入表 3-7 中。

表 3-7　离子晶体产生缺陷和缺陷移动能量　　(kJ/mol)

晶体	产生肖脱基缺陷的能量 E		缺陷移动能量 W_s
	(+)	(−)	
MgO			376.2~627.0
CaO			418
SrO			418

续表 3-7

晶体	产生肖脱基缺陷的能量 E		缺陷移动能量 W_s
	(+)	(-)	
BaO			418
Al_2O_3		242.4	1964.6
LiF	62.7		255.0
NaCl	83.6	108.7	200.6
晶体	产生夫伦克耳缺陷的能量 E		缺陷移动能量 W_s
	间	空	
CaF_2	158.8	66.9	271.7
ZrO_2	104.5		约 397.1
UO_2	108.7~125.4		330.2

式（3-88）是根据热力学平衡导出的公式，说明在所有高于绝对零度时，任何晶体中肖脱基空位、夫伦克耳空位都是稳定的。把 n/N 作为温度的函数进行测量（由 X 射线和比重瓶测量密度差）就能得到 E，有时也可根据键能和另外的考察情况来确定 E。在 MgO 和 Al_2O_3 中，空位生成能 $E\approx 6\sim 8eV$。当采用这一数值进行计算时，MgO 和 Al_2O_3 的热力学空位平衡浓度即使在 2000℃下也只有 10^{-7} 级空位，这就解释了纯 MgO 和 Al_2O_3 为什么要在超高温下才能烧结的原因。

另外，在外来杂质或者添加物侵入晶体内时，如果这些原子占有晶体原子本来占有的位置或者杂质、添加物原子处于构成晶体的原子之间，都会破坏晶体的完整性，产生晶体缺陷。例如，在 MgO 中添加价数不同的 Al_2O_3 形成置换固溶体时，每一个 Al_2O_3 生成一个 Mg 的空位（·表示正，′表示负，x 表示中性），公式如下：

$$Al_2O_3(MgO) \longrightarrow 2Al_{Mg}^{\cdot} + V_{Mg}'' + 3O^{x} \tag{3-89}$$

在 1mol MgO 中添加 0.1% Al_2O_3（摩尔分数）时，在高温下产生 10^{-3} 级空位（假定 Al_2O_3 均匀分于 MgO 中），它远远大于由热力学平衡计算的空位浓度值。

碱性耐火氧化物的固溶体为代替型固溶体。溶质正离子代替溶剂的正离子，溶质负离子代替溶剂负离子，如图 3-31 所示。空位也可视作代替溶质的离子，具有空位的晶体也是固溶体。

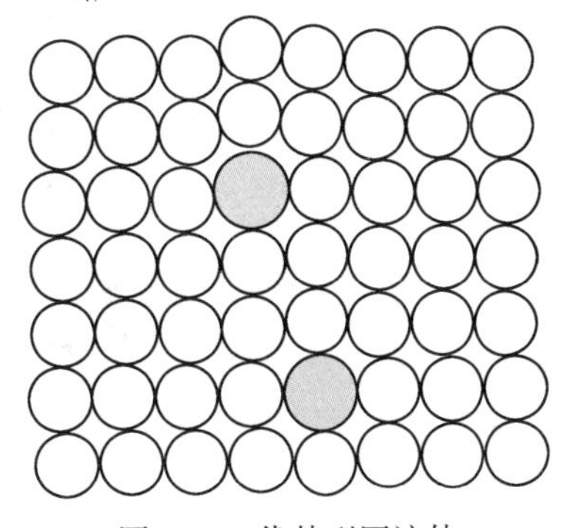

图 3-31 代替型固溶体

M、X 二物相遇时，能否发生反应，以及反应后生成化合物或固溶体，决定于 ΔG 的大小。

$$M + X \longrightarrow MX(\text{化合物})\Delta G_{MX} \tag{3-90}$$

$$M + X \longrightarrow (MX)(\text{固溶体})\Delta G_{(M'X)} \tag{3-91}$$

如果：

$$\Delta G_{MX} > 0 \tag{3-92}$$

$$\Delta G_{(M'X)} > 0 \tag{3-93}$$

则化合物及固溶体均不能生成。

如果：

$$\Delta G_{MX} < 0 \tag{3-94}$$

$$\Delta G_{(M'X)} < 0 \tag{3-95}$$

则化合物及固溶体均能生成。

如果：

$$\Delta G_{MX} < 0 < \Delta G_{(M'X)} \tag{3-96}$$

则只能生成化合物。

如果：

$$\Delta G_{MX} > 0 > \Delta G_{(M'X)} \tag{3-97}$$

则只能生成固溶体。

生成化合物或固溶体的差别在于 X 进入 M 时的排列有无规则，当 X 进入 M 时做有规则的排列，公式如下：

$$G = H - TS \tag{3-98}$$

若 S 变化大，H 必须降低很多，才能使 G 变小，反应生成物为化合物。如 X 进入 M 时作无规则的排列，则 S 增加很大，H 不必降低很多，也可使 G 降低，则生成物为固溶体。图 3-32 中，原子在化合物中做有规则排列，在固溶体内作无规则排列。

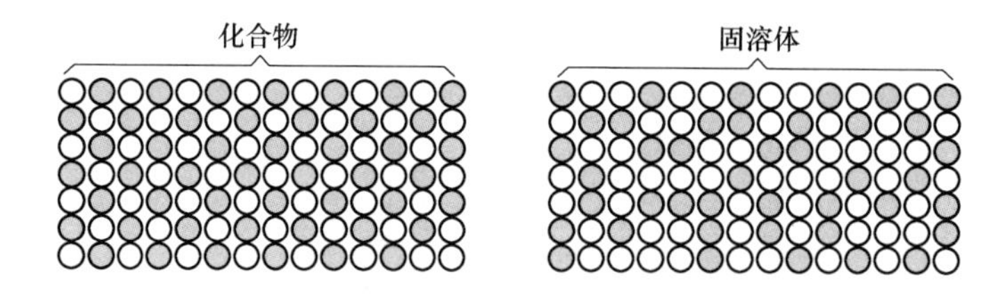

图 3-32　化合物与固溶体中原子的排列

就添加物和杂质对母体的固溶而言，有侵入型和置换型两大类。例如，CaO 和 MgO 对 ZrO_2 的固溶，阳离子为置换型，而 O^{2-} 为侵入型；前者是更换晶体格点的位置，它明显地受到离子半径和价数的影响。

对于烧结而言，有价数不同的离子因置换固溶而提高了空位浓度，促进扩散的情况，也有的是等价离子，当离子半径不同时，由于置换固溶而导致畸变使其活化的情况。图3-33示出了添加 TiO_2 的 Al_2O_3 压密体的升温收缩曲线，表明 TiO_2 固溶到 Al_2O_3 中，从1100℃左右收缩速度加快。

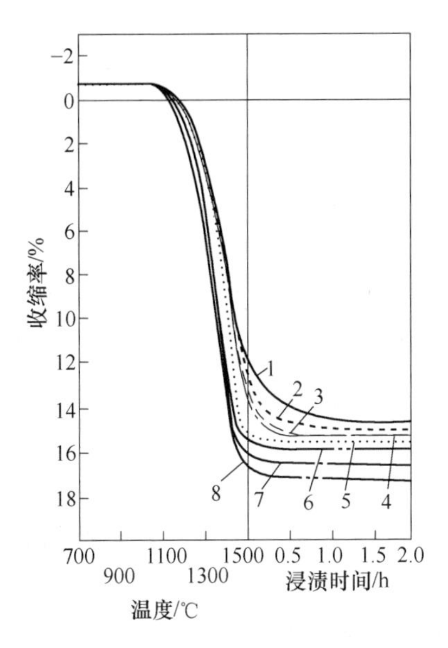

图3-33 TiO_2 含量（质量分数）不同的氧化铝试样的热收缩曲线

1—0%TiO_2；2—0.1%TiO_2；3—0.15%TiO_2；4—0.2%TiO_2；
5—0.3%TiO_2；6—0.5%TiO_2；7—1.0%TiO_2；8—2.0%TiO_2

溶剂内产生溶质（杂质）的方法之一是溶质向溶剂扩散，通过晶界扩散更为容易。

当溶质进入溶剂晶界后，与晶界内位错交互作用，互相锚钉，定位于此。图3-34示出了MgO晶界上CoO的分布情况。如果增加更大的能量，可以拆散晶界上位错与溶质的锚钉，然后溶质向晶体内部扩散；晶界上溶质含量最大，晶界两边逐渐减少。

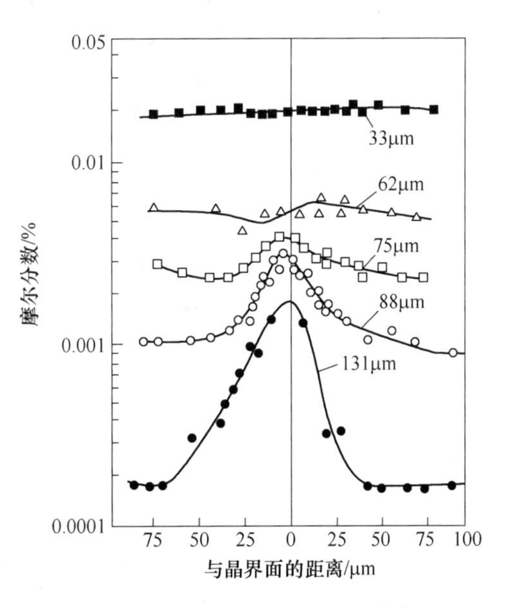

图3-34 MgO晶界上的CoO分布

图3-35中，当溶质离子比它占据的溶剂（母体）点阵中的离子大一些时，那么在那些已经过扩散的座位上易于安置下来，即在那些地

方只引起较小附加点阵畸变。当溶质离子比它所占据的溶剂点阵中的离子小时，就比较容易安置在经过压缩的点阵座位中。在一个母体点阵经过畸变的晶体中，由于其中杂质离子可以占据的空位大小处处不同，所以某些地区杂质的浓度就必然会比其他地方高一些。

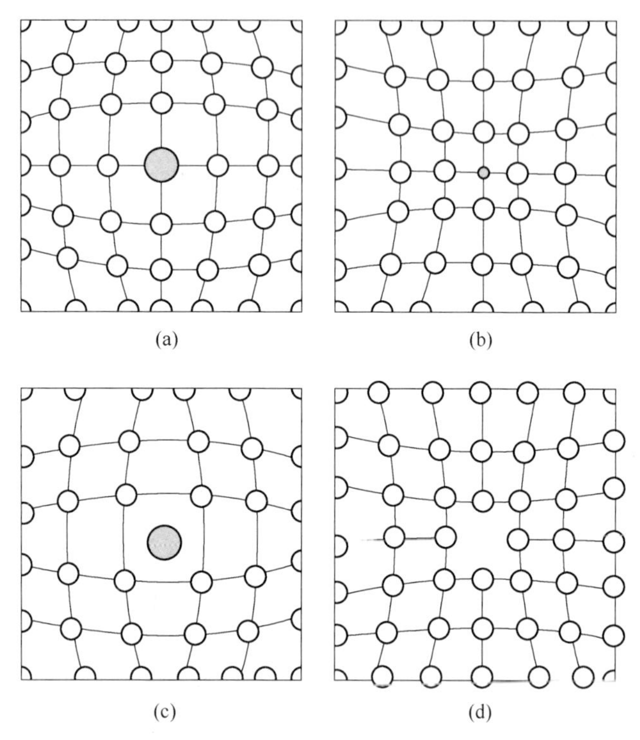

图 3-35 由于形成固溶体引起点阵畸变的示意图
（a）置换式固溶体（较大离子取代）；（b）置换式固溶体（较小离子取代）；
（c）间隙式固溶体；（d）缺位固溶体

R. F. 梅尔（Mehl）指出，能使表面张力降低的杂质会聚集在晶粒界面或表面上，而能使表面张力增加的杂质则会趋于远离这个界面或表面。他们发现，即使是固溶量很小，也有在晶体表面或晶粒界面处浓缩、影响界面性质的成分。在晶粒中离子尺寸大的杂质离子代替晶格中的离子时，能有助于填充界面上出现的空隙，而尺寸小的杂质离子代替晶格中的离子时，则有助于内部压缩应力的消除。

假如晶体内部共有 M 个未经畸变的点阵座位中有 m 个杂质离子分布在这些位置上，则有 $\ln M!/[(M-m)!m!]$ 种不同的方式，而在晶界上有 N 个未经畸变的点阵中 m 个杂质离子分布在这些位置上，则有 $\ln N!/[(N-n)!n!]$ 种不同的方式。假定一个杂质离子进入晶内点阵位置引起畸变的能量为 E，而它进入晶界点阵位置引起畸变的能量为 e（为了简便起见，认为 e 为一单值）。这样，母体自由能 G 可用式（3-99）表示：

$$G = (E - TS_f)m - KT\ln M!/[(M-m)!m!]$$
$$\approx mE - mTS - KT[M\ln M - (M-m)\ln(M-m) - m\ln m] \tag{3-99}$$

式中，S_f 为引入一个杂质离子后改变周围离子振动所引起的振动熵。

在热力学平衡状态时，自由能最小，可令 $dG/dm=0$ 求得：

$$E - TS_f = KT\ln(M-m)/m \tag{3-100}$$

同样也可求得：

$$E - TS_{f'} = KT\ln(N-n)/n \tag{3-101}$$

由以上两式可得：

$$E - e - (S_f - S_{f'})T = KT\ln(M-m)m/[(N-n)n] \tag{3-102}$$

设在晶界上的杂质离子的浓度 $n/N = C_g$，晶内杂质离子的浓度 $m/M = C_v$，由此即可求出：

$$C_g = AC_v[\exp(E-e)/(KT)]/[1 - G + G\exp(E-e)/(KT)] \tag{3-103}$$

其中，$A = \exp(S_f - S_{f'})/T > 1$，考虑到 $M \gg m$，$N \gg n$，则：

$$C_g = AC_v\exp[\Delta E/(KT)] \tag{3-104}$$

其中，$\Delta E = E - e$。

通常，杂质离子在晶界引起的附加畸变能量 e 是小的，晶内畸变能量实际上有盈余，显然 $E>e$，因而 $C_g>C_v$，说明杂质容易聚集在晶界上，如图 3-35 所示。

在研究 Al、Ca、Si 向 MgO 晶界处浓缩（偏析）时发现，Si 对于 MgO 的容积固溶量，由于离子半径不同、价数不同，只能是微量；而且在高温下，其固溶量也不是很高。所以，当少量 SiO_2 存在时，随着 MgO 晶体长大将在晶界处浓缩，终将超过固溶极限并与 MgO 反应，在晶界处析出 $2MgO \cdot SiO_2$；在研究高纯镁砂显微结构时，往往观察到 MgO 晶粒的界面处存在 $2MgO \cdot SiO_2$ 就是这个原因。

在固溶促进烧结的例子中，锂盐促进 MgO 烧结和 TiO_2 促进 MgO 烧结是最典型的实例。

LiF 促进 MgO 热压烧结是众所周知的例子，锂盐对 MgO 常压烧结也有促进作用。例如，加入 0.25%或更多的锂盐，特别是 LiF、LiCl、LiBr 都能促进活性 MgO 的成型和烧结。加入 0.5% LiCl 的 MgO 压密体经 1400℃烧结，其体积密度达到 3.46g/cm^3，抗水化性与电熔镁砂相近。锂盐在烧结时会挥发，其含量降低到 0.01%以下。

锂盐促进 MgO 烧结的效果与初始 MgO 物料的比表面积和颗粒大小有关，其促进烧结机理是由于生成固溶体的缘故。在烧结时，锂盐（例如 LiF）会发生：

$$MgO + 2LiF = MgF_2 + Li_2O \tag{3-105}$$

的反应，后者（Li_2O）与 MgO 形成固溶体，产生氧空位而使进了 MgO 的烧结。

TiO_2 对 MgO 烧结也有明显的促进作用。П. С. 马梅金介绍过加入 1.0%～1.5% TiO_2 生产高密度镁砖的工艺。

图 3-36 示出了 TiO_2 促进 MgO 烧结的效果。TiO_2 促进 MgO 烧结，除了在晶界处形成流动溶质（如 MgO · TiO_2）的液相促进烧结之外，还因为在 MgO 中产生阳离子空位的缘故。另外，在氧化气氛中，一些 Ti^{3+}转变为 Ti^{4+}而产生空位，从而促进了 MgO 在烧结中的物质迁移。

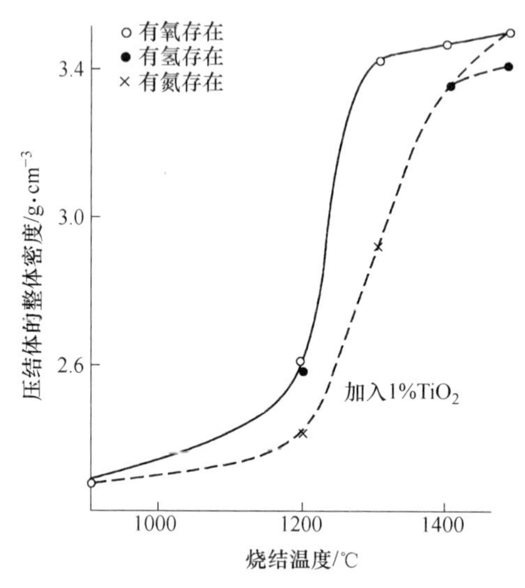

图 3-36 杂质对 MgO 烧结的影响（烧结时间为 1h）

B 生成液相的促进作用

添加微量物质生成液相促进烧结的作用如下：

（1）润滑剂的作用；

（2）在液相中的扩散比在固相中更快；

（3）由于作用在润湿固体晶粒的液相曲面上的毛细管压力使晶粒互相吸引。

液相促进烧结应具备以下条件：

（1）能良好地润湿固相；

（2）具有某种程度的溶解度；

（3）有相当的液相数量；

（4）液相溶解固相的溶解度 S_e 要比固相溶解液相的溶解度 S_s 大，即具备 $S_e/S_s>1$ 。

在液相促进烧结中的重排列过程和溶解-析出过程至关重要。第一次重排列是通过液相生成由其毛细管力的作用使晶粒排列发生变化和收缩的过程。不论是单结晶还是多结晶体，固相晶粒都是在液相还没有侵入晶粒界面时产生的。如果液相能够溶解固相，就会由于晶粒的棱缘先溶解而变成带圆角状，进而促进排列的变化，将此称为晶粒表面的精加工。第二次重排列是液相侵入到多结晶体的晶粒界面，将各个晶粒分开并进行排列、收缩过程。液相对固相的二面角通常为0°，晶粒界面能大于固-液界面能时才能发生，这也许是液相与固相有反应或者溶解过程是必要的原因。

如果液相与固相的溶解度相当，就能促进液相烧结。但仅仅是液相具有溶解度不一定就收缩。例如，当观察到二面角 Φ 增大时，而烧结收缩却往往减小的情况。这说明当液相形成时，收缩主要决定于固相粒子使自己重排列的能力，即使有一点晶粒黏在一起的现象都会阻碍收缩。里奇蒙曾证实，即使有低于1%的液相存在，致密化也会受到 Φ 的影响。

利用液相促进烧结，可设想成瞬时性的液相烧结。即在烧结的某个阶段生成液相，至烧结终了时液相消失，只剩下固相。例如，MgF_2 促进 MgO 烧结，由于 MgO-MgF_2 的最低共熔点温度为1350℃（见图3-37），在较低的温度下，生成液相促进了 MgO 的烧结。在高温下由于：

$$2MgF_2 + O_2 \longrightarrow 2MgO + 2F_2\uparrow \tag{3-106}$$

的反应，液相挥发消失，仅剩下 MgO 固相。

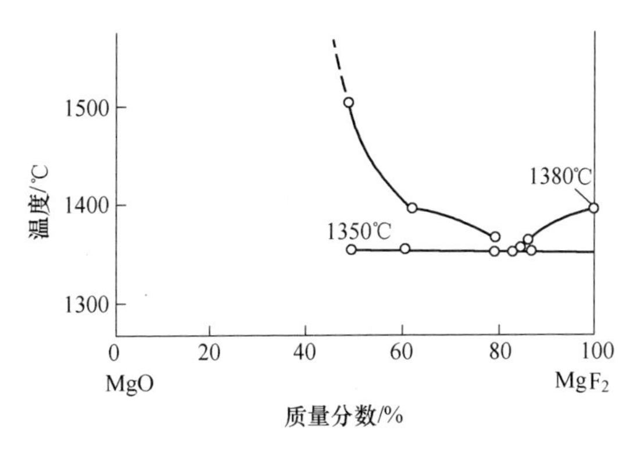

图3-37 MgO-CaF_2 系相图

又如，Si_3N_4-Al_2O_3 系混合料不论常压还是热压烧结，在1700℃都可以获得接近理论密度的材料。可以认为是由于生成的X相在1600℃时变为液相，从而促进了烧结，随后X相又结晶析出β-Sialon而成为单相陶瓷，所以X相的作用可以解释为过渡液相的烧结。

液相烧结的又一种应用方法是反应液相烧结。一般认为能应用这种方法的系统是在A-B两种成分系统中存在着AB化合物时，其典型状态图如图3-38所示。当把A与B混合物的压密体放在高于状态图中AB两侧的共熔温度下加热时，生成熔融物之前在 A 和 B 接触处就会生成 AB 化合物。当高于共熔点时，在 AB 与 A 或 B 之间生成熔体，在通过液相进行反应的同时还进行着 AB 的烧结，如图 3-39所示。

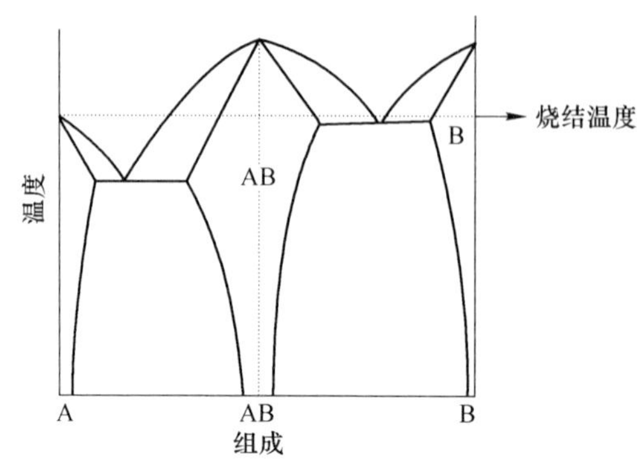

图 3-38 由 A 与 B 粉料的混合物活化液相烧结生成 AB 化合物的二元相图

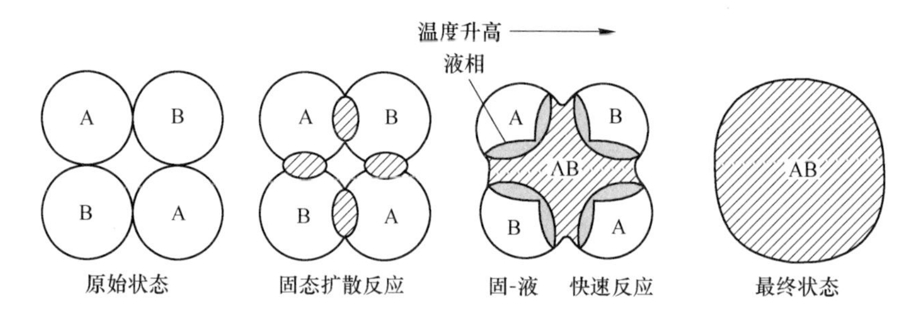

图 3-39 由 A 与 B 粉料的混合物生成的液相活化烧结为 AB 化合物的预期过程的典型顺序

例如，利用高纯铝矾土和高纯石英合成莫来石基耐火材料，当铝矾土和石英直接接触时，其共熔点温度为 1595℃（见图 3-40），如果将它们迅速加热到高温，其中一部分进行固相反应生成莫来石，但在两种颗粒接触处共熔并产生液相即利用液相进行烧结。由于液相迟早要与刚玉反应生成莫来石固相，所以它是活性的。最后，液相将全部被吸收（液相消失），只剩下莫来石基耐火材料。

C 阴离子对烧结的促进作用

阴离子促进材料烧结很普遍，下面仅介绍几个阴离子促进碱性氧化物烧结的例子。

a OH^-的作用

在研究物料烧结时发现水蒸气对 MgO-CaO 系物料的烧结有促进作用。

图 3-41 为 MgO 坯体在 1050℃时各种水蒸气分压下的等温收缩曲线。

帕斯克（Pask）等曾经研究了 MgO 压块在流动水蒸气中的烧结，得出的结论是：在流动水蒸气中纯 MgO 压块初期烧结的表观活化能大约 209kJ/mol。

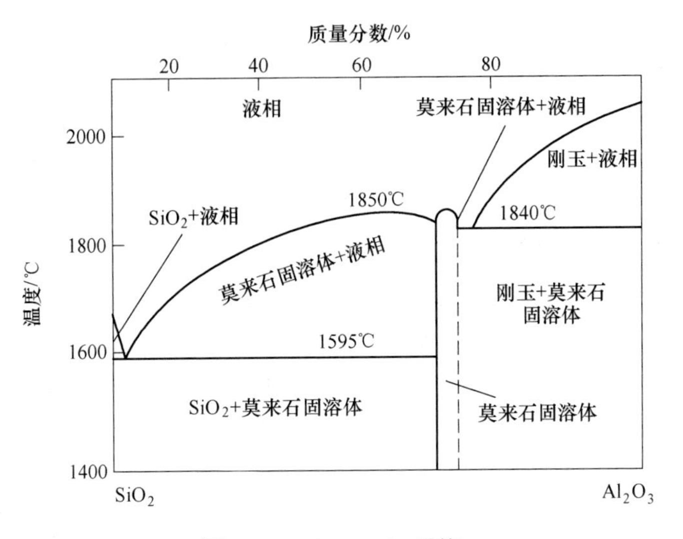

图 3-40 Al_2O_3-SiO_2 系统

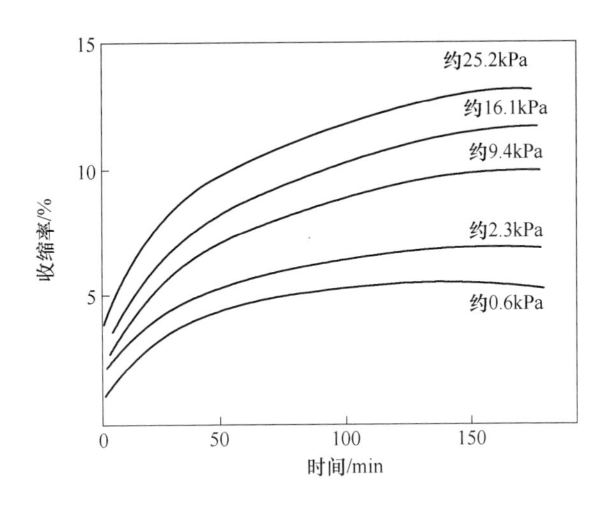

图 3-41 MgO 坯体在 1050℃各种水蒸气分压的等温收缩曲线

伊斯门（Eastman）等研究了 800～1170℃的水蒸气对 MgO 粉体压块初期烧结的影响，得出提高水蒸气分压可提高烧结速率的结论。基于 OH^- 在 MgO 中的可溶性模型，烧结速率提高与阳离子空位浓度提高有关。

郁国城研究了（MgO-H_2O）固溶体中双空位的生成、数量及对烧结的影响。

$Mg(OH)_2$ 分解时，新生的 MgO(111) 面与未分解的 $Mg(OH)_2$ 的（0001）面互相结合。由于两者的 Mg-Mg 间距相差很大，产生应力空位 V_{Mg} 及 V_0。当 $Mg(OH)_2$ 完全分解后，这些空位仍然存在，只是随着温度的提高而减少。分解出来的水一部分溶入 MgO。

在固溶体内，OH^- 与 V_0 生成复合体（OH^--$1/2V_0$），此复合体扩散快。当它与 V_{Mg} 接触时，放出 $1/2V_0$，留下 OH^-。V_0 与 V_{Mg} 接触生成双空位。OH^- 又扩散，重复上述步骤。如此循环，直至大部分以至全部应力空位生成双空位。

双空位数量随温度的升高而减少，达到一定温度后，双空位不复存在。由于双空位扩散能很小，并在常温存在，对烧结起了很大作用。

H_2O 或者 OH^- 对 MgO 压块烧结的促进作用，主要表现在初期烧结的过程中。

安德生和摩根测定了在 1050℃时，在 0.006665～613.2Pa 的各种水蒸气压力下的 MgO 比表面积减少以及晶粒长大的结果，发现水蒸气对 MgO 烧结都有促进作用。

伊斯门等调查了水蒸气对 MgO 初期烧结的作用，发现在 875℃时，MgO 的收缩率（$\Delta L/L_0$）在 0.006665～0.1Pa 时与时间（$t^{0.31}$）的比例完全是直线关系，从而定量地确定了水蒸气分压促进 MgO 初期烧结的关系。

根据上面的分析，并综合大量资料和研究结果，得出水蒸气促进 MgO 烧结应该是晶体界面扩散机理，且 Mg^{2+} 的扩散处于支配地位。由于

$$O^{2-} + H_2O \longrightarrow 2OH^- + V_{Mg} \tag{3-107}$$

因此

$$O^{2-} + H_2O \longrightarrow [2OH^- \cdot V_{Mg}] \tag{3-108}$$

使其形成晶格结构缺陷。

由于 H_2O 可在 MgO 表面溶解，而形成阳离子空位，由式（3-107）可知，V_{Mg} 增加，且烧结速度与 $p_{H_2O}{}^{1/3}$ 成比例增加。在 p_{H_2O} 高时，由于两个可置换的 OH^- 与 Mg^{2+} 的空位聚合或者相当于两个 H^+ 充填一个阳离子空位，导致 $p_{H_2O}{}^{2/3}$ 与扩散系数 D 的直接关系。由式（3-108）可知，烧结速度与 $p_{H_2O}{}^{2/3}$ 成比例增加。

有人曾经发现，纯 MgO 在流动水蒸气中烧结比在空气中快得多。从电子显微镜中观察到：MgO 开始烧结时在两晶粒间形成了二面角，说明 MgO 烧结的物质迁移首先沿晶界迁移到固/气/固颈部区域，然后再由颈部区域迁移到自由表面；研究结果同时表明，前者是控制环节，而且得出纯 MgO 的烧结初期（气孔率 $\varepsilon>28\%$），$\text{arctanh}(0.31-0.43\varepsilon^{1/2})$ 对 t 为一直线；在烧结中期（气孔率 $\varepsilon<28\%$），$\text{arctanh}(0.31-0.43\varepsilon^{1/2})$ 对 $t^{-1/3}$ 为一直线($\varepsilon=1-u$)；这是纯 MgO 在流动水蒸气中烧结的重要结论。

彼德森（Petersen）和卡德勒（Cutler）研究了 900～1123℃水蒸气对 CaO 初

期烧结动力学的影响。在 $p_{H_2O}=0.1067\sim64928Pa$ 的范围内，水蒸气能提高 CaO 的烧结速度。根据体积扩散模型、烧结初期的动力学方程式，计算出扩散系数与 p_{H_2O} 的关系：当 $p_{H_2O}=810\sim6.7kPa$ 时，与 $p_{H_2O}^{1/3}$ 成比例；当 $p_{H_2O}=3.25\times10^4\sim6.5\times10^4Pa$ 时，与 $p_{H_2O}^{2/3}$ 成比例。当 $p_{H_2O}=5.3Pa$ 时，CaO 的烧结活化能为（430.5±14.6）kJ/mol。

b　$MgCl_2$（Cl^-）对 MgO 烧结的作用

将 $MgCl_2$ 直接加入活性 MgO 中，只能促进 MgO 的晶体长大，而不能促进致密化。但是，滨野健也等人研究了在 $Mg(OH)_2$ 中加入 $MgCl_2\cdot6H_2O$ 对烧结的效果；其结果表明，$MgCl_2\cdot6H_2O$ 在轻烧阶段破坏了 $Mg(OH)_2$ 的形核，使其变成带圆角的 MgO 晶体，可提高压密体的充填密度，促进致密化。池上等人在 $Mg(OH)_2$ 中加入少量的 HCl 等，研究了 Cl^- 对 $Mg(OH)_2$ 轻烧期间 MgO 晶体长大及压密体密化过程的影响；结果表明，Cl^- 在轻烧过程中能使 MgO 的母体形核消失并促进晶体长大，有助于 MgO 的致密化。他们的研究结果同时表明，如果将 $MgCl_2$ 先加入原料中轻烧也可提高 MgO 的烧结性能。例如，在 $Mg(OH)_2$ 中加入相当于（质量分数）MgO 2%~4%的 $MgCl_2\cdot6H_2O$，经过 600~700℃轻烧制得的活性 MgO（残留有 0.1%~0.2%的 $MgCl_2$）物料，经 100MPa 压力压制的压密体于 1500℃×4h 烧结，其相对密度达到了 97%。

饶东生和徐兴无（1986）在浮选天然菱镁矿精矿粉中，分别加入 $MgCl_2\cdot6H_2O$（质量分数，以 $MgCl_2$ 计）为：0.1%、1.0%、2.0%、4.0%、6.0%、8.0%、14%，于 736℃、800℃、900℃轻烧制备活性 MgO，其压密体在 1600℃×3h 烧结，所获得的烧结体的相对密度都在 93%以上，最高达到 96%，在 900℃轻烧时的 $MgCl_2$ 最佳加入量为 2%。

由研究结果得出：上述活性 MgO 假相（即菱镁矿外形）结构已完全破坏，方镁石（几乎为圆形）晶格常数和比表面积均比不加的 MgO 要小，因而提高了物料的烧结性能。这种方镁石晶体具有从饱和的 $MgO-MgCl_2$ 系液相中结晶析出 MgO 结晶的典型特征。

c　MgF_2（F^-）促进 MgO 的烧结

长期以来，许多学者对 $MgF_2(F^-)$ 促进 MgO 的烧结进行了大量的研究工作。

池上研究了 F^- 对 $Mg(OH)_2$ 轻烧所得到的 MgO 晶体长大的影响，如图 3-42 所示。根据图中结果可以认为：当轻烧温度低于 900℃时，由于 $MgF_2(F^-)$ 富集于晶界附近，阻碍了晶界迁移而抑制了晶体长大；当轻烧温度高于 900℃时，由于接近 $MgO-MgF_2$ 系共熔点温度，在晶界处形成连续第二相，加快了离子扩散而促进了 MgO 晶体长大。

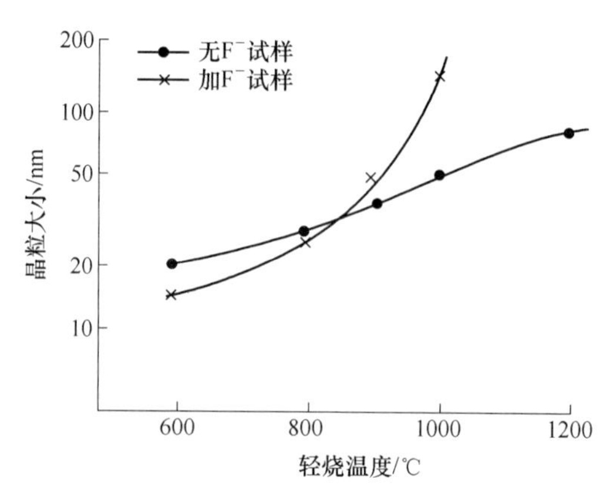

图 3-42　晶粒尺寸与轻烧温度的关系

MgF_2(F^-) 促进 MgO 烧结的作用如图 3-43 所示。图中表明，活性 MgO 粉体压块的收缩与晶体长大是温度的函数的典型曲线。即 MgO 的致密化自 900℃开始，在 1100℃以上收缩急骤增加，在 1250℃时达到最大收缩值。晶体长大曲线则表明，烧结开始时 MgO 晶体成长得很慢，1100℃以后便迅速长大。由此说明，加入 MgF_2 的 MgO 烧结，其致密化和晶体长大是同时进行的。

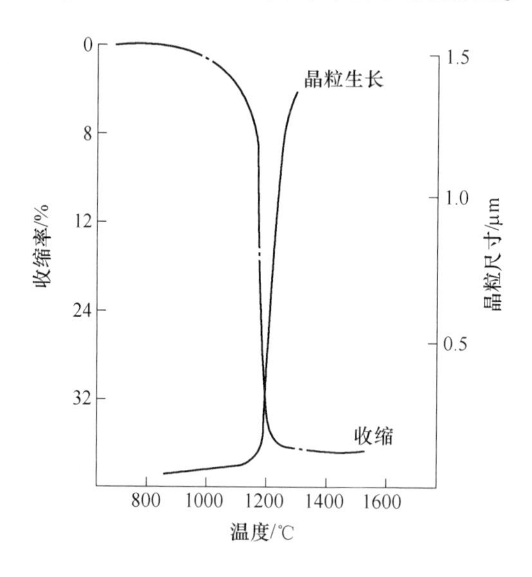

图 3-43　含氟 MgO 收缩和晶粒长大曲线

相关研究表明，MgF_2 对以天然微晶菱镁矿为原料制备的活性 MgO 烧结的促进作用，其结果如图 3-44 和图 3-45 所示。由此可以得出结论：在等温烧结过程中，烧结初期（ε>23%），$\mathrm{arctanh}(0.3-0.43\varepsilon^{1/2})$ 与时间（t）为直线关系，符合黏滞流动机理，物质迁移由晶界迁移到固/气/固颈部区域比由颈部迁移到自由表面慢，说明前者是控制环节。进入烧结中期，随着晶体长大，单位体积内气孔数降低，在 ε<23%的范围内，以 $\mathrm{arctanh}(0.3-0.43\varepsilon^{1/2})$ 对 $t^{-1/3}$ 作图得一直线，如图 3-46 和图 3-47 所示，MgF 促进 MgO 烧结主要是促进了物质沿界面向表面进行迁移，从而加快了致密化过程。

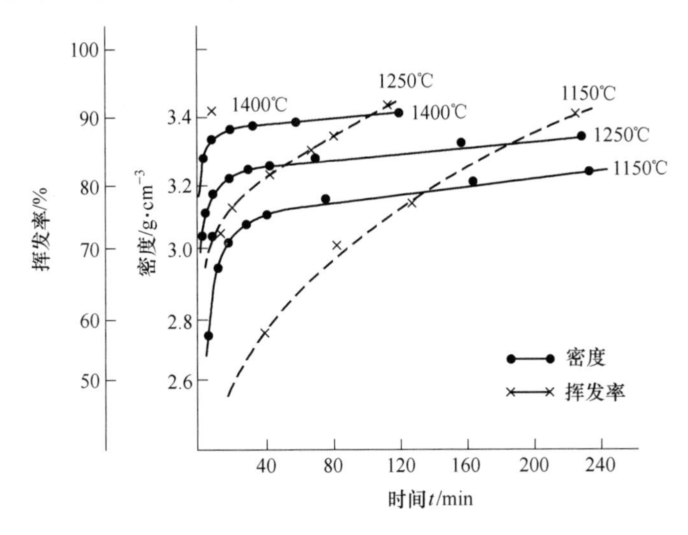

图 3-44 氟的挥发和密度与烧结时间的关系（添加 0.21%MgF_2）

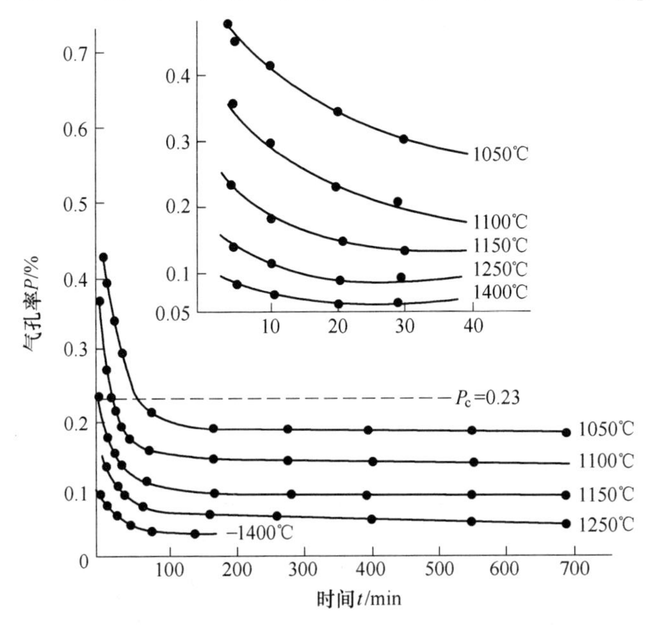

图 3-45 Mg-F 在空气中烧结气孔率与时间的关系

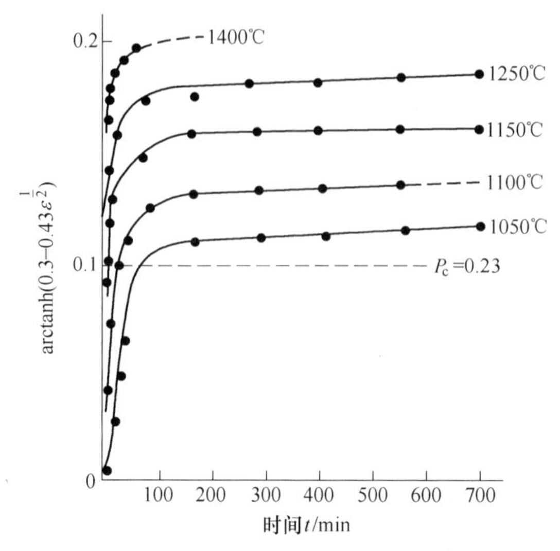

图 3-46　Mg-F 在空气中烧结 arctanh（$0.3-0.43\varepsilon^{\frac{1}{2}}$）与时间的关系

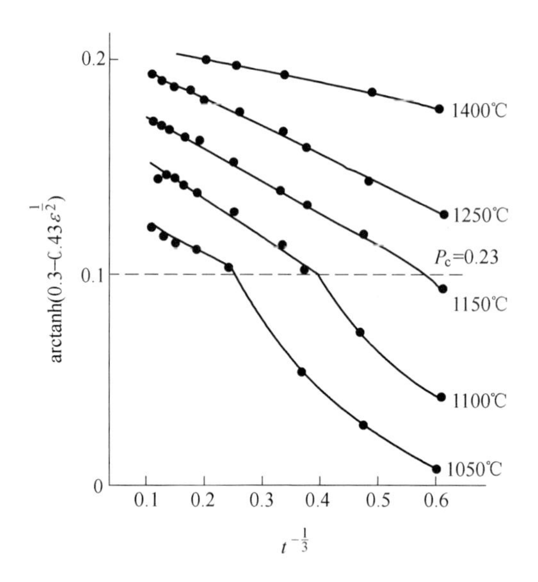

图 3-47　Mg-F 在空气中烧结 arctanh($0.3-0.43\varepsilon^{\frac{1}{2}}$) 与时间（$t^{-\frac{1}{3}}$）的关系

加入 MgF_2 的 MgO 在烧结过程中的晶体长大符合 $d^3-d_0^3=K(t-t_0)$ 规律(在 $d<1\mu m$ 时)，如图 3-48 所示。综合各方面的研究成果认为，MgO 晶体长大机理可能是在杂质牵制下晶界迁移的结果。令人惊奇的是，在加入 MgF_2 的 MgO 烧结进程中，氟在短时间内即能挥发 90%以上，如图 3-48～图 3-50 所示。

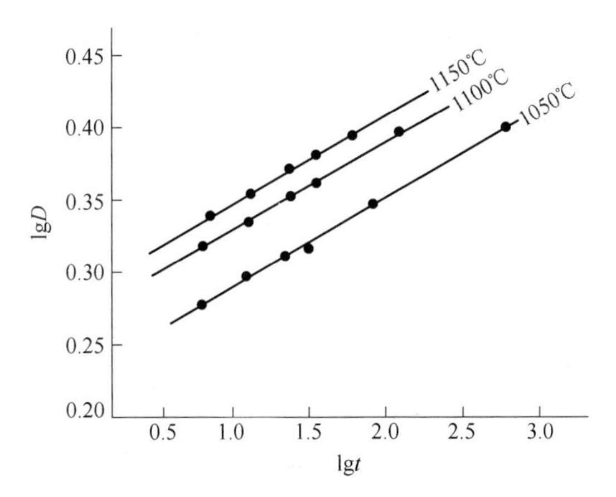

图 3-48 Mg-F 在空气中烧结晶粒长大与时间的关系
（MgF_2 试样中氟质量分数 0.21%）

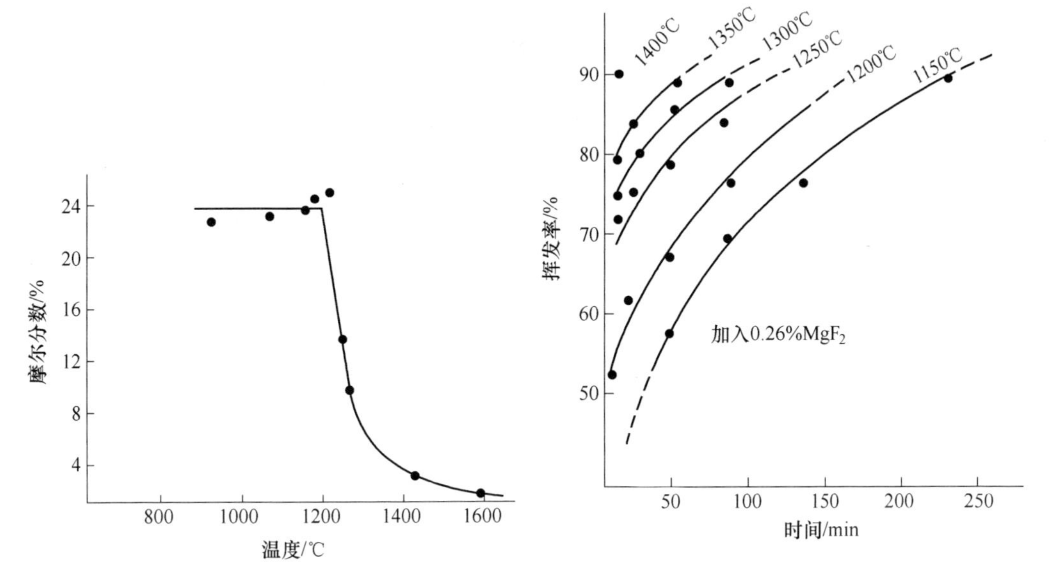

图 3-49 烧结块中 MgF_2 的含量

图 3-50 氟的挥发与烧结时间的关系
（曲线注明的温度是二次煅烧温度）

MgF_2 的最佳添加量与原始物料的类型及活性 MgO 物料的特性有关。将 MgF_2 加入高纯 MgO 中，可以降低其烧结温度 150～200℃，还可以在 1600℃以内获得优质高密度镁砂。

由上述讨论可以得出如下结论。

（1）添加 MgF_2 的活性 MgO 粉体压密块在低温阶段，F^-可使 MgO 晶格畸变增加。通过 X 光宽化法测定的结果表明，添加 MgF_2 的 MgO 晶格畸变随温度上升不断增加；到 1000℃时达到最大，此后再提高温度，MgO 的畸变开始释放；到 1200℃时，其畸变几乎消失。

（2）F^-多分布或者固溶于 MgO 晶界中，仅少量固溶于 MgO 晶格中。测定结果表明，F^-大部分偏析于晶界层中，结果导致在 900℃及以下温度时阻碍晶界迁移，抑制晶体长大。当温度升高到 900℃时，由于接近 MgO-MgF_2 系低共熔点温度，产生液相在晶界处形成连续第二相，为离子快速扩散提供了通道，促进了晶体长大，如图 3-42 所示。这说明加入 MgF_2 的 MgO 烧结，在烧结开始时其晶体长大比纯 MgO 晶体长大得慢，超过 900℃以后，又比纯 MgO 晶体长大得快。

（3）加入 MgF_2 的 MgO 烧结，其致密化自 900℃开始缓慢进行，高于 1100℃时即迅速进行，收缩急骤增加。1200℃时，收缩率接近最大值，如图 3-43 所示。

（4）对比研究确定，MgO 烧结（加或不加 MgF_2）机理为黏滞流动机理，但控制环节不同：加入 MgF_2 的 MgO 烧结过程中的物质迁移是由晶界迁移到固/气/固颈部区域控制；而纯 MgO 在烧结过程中的物质迁移则是由颈部区域迁移到自由表面控制。这表明：加入 MgF_2 的 MgO 烧结主要是显著地加快了物质由颈部区域向自由表面的迁移，结果导致 MgO 致密化过程明显加快。

（5）MgF_2 对 MgO 烧结过程中的致密化和晶体长大都有重要影响，即在低温时增加了 MgO 晶格畸变，导致 1100～1200℃时的快速收缩。在高于 1200℃时，由于 F^-从颈部区域向自由表面的挥发，打破了表面与界面之间 F^-平衡，使氟从晶间通过界面迁移到颈部进行补充。所以，MgO 的烧结活化能较低而提高了 MgO 的烧结速度，促进了致密化过程。

3.2.5.2 原始物料种类对烧结的影响

原始物料种类不同其烧结性能也不相同。

在许多情况下，预烧后虽然可以得到同一成分的物料，但由于在结构改变进程中发生的物理化学变化不同，所以具有不同的活性指标。

母盐预烧时，如预烧温度过低，常常残留有原始物料的结构（假相）。滨野健也曾系统总结过不同母盐［$Mg(OH)_2$、草酸镁、碳酸氢镁、硝酸镁和氯化镁等］煅烧所得到的 MgO 粉体的烧结性能；菲利浦斯论述过不同形状和大小的 $Mg(OH)_2$经不同煅烧温度（704℃、816℃、954℃、1093℃和 1232℃）制备的活性 MgO 的特性。吴基东等用热水合成法所获得的 $MgCO_3$，发现其加热到 1500℃后仍保持原来 $MgCO_3$ 菱面体的假相。作者观察发现，浮选菱镁矿精矿粉分别在 800～1100℃或 750～1200℃轻烧后得到活性 MgO 粉体颗粒由方镁石微晶集合体组成，而且都保持着菱镁矿的外形，其内部的方镁石微晶之间存在无数的空隙，因而认为其烧结性能不会太高。其原因是原始物料在轻烧活化时，菱镁矿的晶体表面由于蒸发凝聚或者表面扩散进行外延生长而成核，反应由表面向内部进行，方镁石晶体成核生长，CO_2 气体放出，最后形成由无数微晶组成的多孔体，并保留着原来菱镁矿结构（假相）。

由电镜观察得知，具有菱镁矿外形的 MgO 粉体，是一种由无数 10nm 的方镁石微晶组成的微晶聚集体。虽然它们具有较低的表观密度，却具有很高的热力学稳定性，而且用一般的压密压力也不能使其破坏，因而这种粉体难以获得高密度压密体，结果见表 3-8。

表 3-8 74μm(−200 目) 浮选、轻烧镁粉在不同压力下生球的密度

压密压力/MPa	200	250	300	350	400
生球密度/$g \cdot cm^{-3}$	1.65	1.69	1.76	1.85	1.88

上述结果可由图像分析仪测得的结果来释：例如，粗晶质菱镁矿经 950℃ 轻烧的物料体积收缩率为 23.8%，若该菱镁矿的密度为 3.1g/cm³，设残留有原始物料的结构（假相）粉体的体积密度 ρ 由式（3-109）计算：

$$\rho = (M_{MgO}/M_{MgCO_3}) \times 3.1/(1-0.238) = (40.3/84.3) \times (3.1/0.762) = 2.0(g/cm^3) \tag{3-109}$$

它仅为理论密度的 55.9%。如果这种活性 MgO 粉体的堆积密度为 0.96g/cm³，那么压密体的显密度（d）等于：

$$d = 0.96\rho = 0.96 \times 2 = 1.92(g/cm^3) \tag{3-110}$$

现在已经了解到，这种由数十纳米的方镁石微晶组成的假相聚集体内储有较高的能量，所以其内部粒子具有较大的烧结驱动力和较快的收缩速率。因此，假相聚集体内部的粒子先急剧烧结起来，使压密体内部的局部区域急速收缩并导致不规则裂纹的出现而使之产生较大的空隙，从而阻碍了压密体整体致密化进程。可见，提高这类物料烧结性能的主要途径在于如何破坏其假相（假相聚集体结构），从而提高它们的烧结性能。

MgO 粉体压密性能主要取决于母盐假相颗粒的数量、结构、大小及其稳定性。大量假相颗粒的存在，导致 MgO 粉体充填变坏；同时，母盐假相结构通常都很稳定，即使在 200MPa 静压力作用下也不能使其破坏。但是可通过细磨使其破坏，使粉体性能得到改善，而提高它们的压缩比和压密体的密度，如图 3-51 所示。

图 3-52 示出了一种 MgO 粉体的细磨时间与相应压密体在 1700℃ 烧结的体积密度和显气孔率的函数关系。图中表明，MgO 粉体的烧结性能随细磨程度的提高而提高，但当细磨到一定程度后，MgO 粉体的烧结性能变化出现平缓的趋势，表明机械活化对材料烧结的影响是有限的。

从能量的角度看，细磨活化提高了 MgO 粉体的表面能和内能（见图 3-53），这就提高了它们的烧结驱动力，从而促进了烧结。

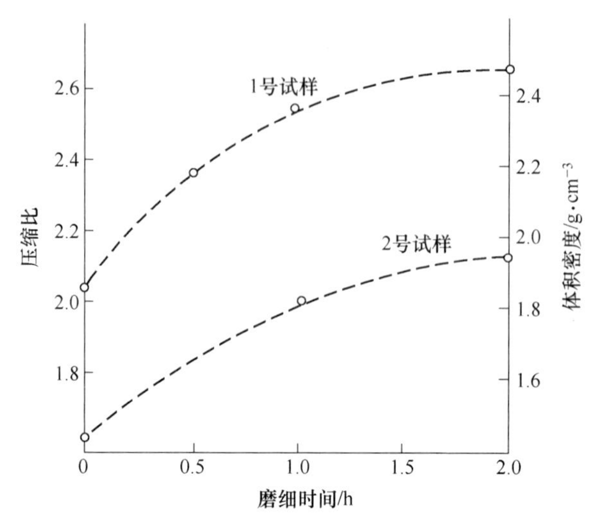

图 3-51　粉末成型性能与磨细时间的关系
（成型压力为 200MPa）

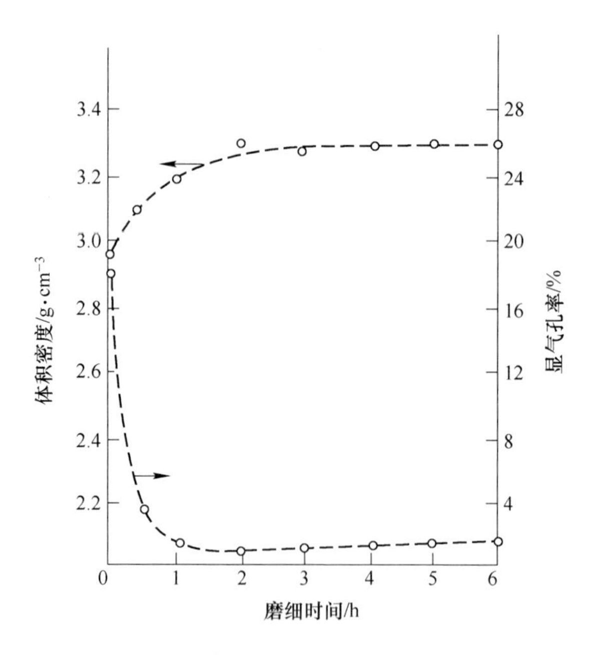

图 3-52　磨细时间与镁砂性能的关系

如果将这类 MgO 粉体视为近似球形粒子，并假定它们在烧结过程中所形成的气孔也为圆筒形，气孔的排除是离子通过晶界/体积扩散进入气孔之中的；当考虑到在致密化中同时也有晶体长大时，那么由粗结晶菱镁矿制取的 MgO 粉体

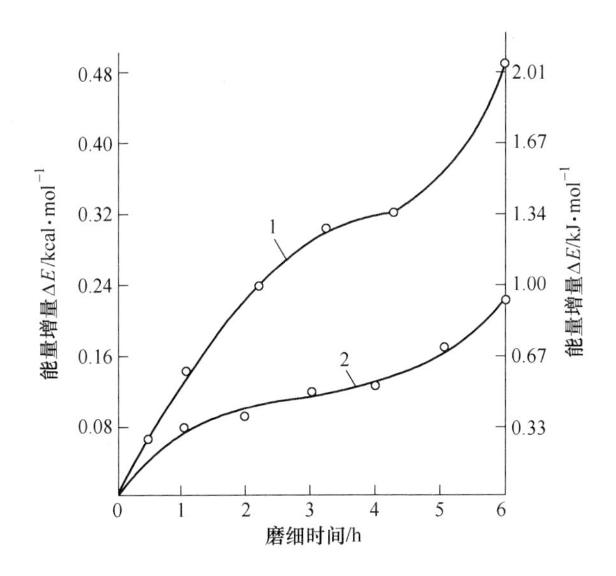

图 3-53 氧化镁粉末能量变化与其磨细时间的关系
（试样于 800℃×3h 烧结，曲线为密度，1、2 为两类不同的粒径分布）

压密体的初期烧结应为体积扩散机理，其相对密度可用式（3-111）计算：

$$u = u_0 / \{1 - 3[BD\sigma a_0^3 t/(r^m KT)]^{1/n}\} \tag{3-111}$$

式中，D 为扩散系数；σ 为 MgO 的表面能；a_0^3 为支配全反应（烧结）速度的离子迁移的体积；r 为粉体平均半径；B，m，n 为常数。

按上述机理进行烧结时，$B=90\times3^{1/2}$，$m=3$，$n=2.5$。假定 $D=3.4\times10^{-16}\text{cm/s}$，$\sigma=10^{-3}$，$K=1.38\times10^{-23}\text{J/K}$，$a_0^3=(1/3)\times[40.3/(3.58\times6.02\times10^{21})]\approx6.2\times10^{-24}\text{cm}^3$，$t=7.2\times10^3\text{s}$，$T=2.273\times10^3\text{K}$（2000℃），$a_0=2.2/3.58=0.615$，$u=3.40/3.58\approx0.95$，代入式（3-111）中可求得：$r=3\mu\text{m}$，即 $d=2r=6\mu\text{m}$。

（3-112）

这一结果与图 3-54 曲线中的体积密度达到 3.40g/cm^3 时的 MgO 粉体压密试样的烧结结果相当。

在实际生产中，用于压球的 MgO 粉体（由粗结晶菱镁矿所制取的 MgO 粉体）的一组典型粒度分布示于图 3-55 中。对应的压密体（生球坯）和它们的烧结体（即高纯烧结镁砂）的显气孔率随气孔径的变化则示于图 3-56 和图 3-57中。

图 3-55 表明，在传统的细磨设备中生产的 MgO 粉体所含−12μm 的量只占 42%，−24μm 的为 80%，−32μm 的为 90%。图 3-56 和图 3-57 表明，压密体（生球坯）的显气孔率高达 29.9%，生坯显气孔率及其在烧结过程中的变化见表 3-9，这说明该类物料是难以致密化的。

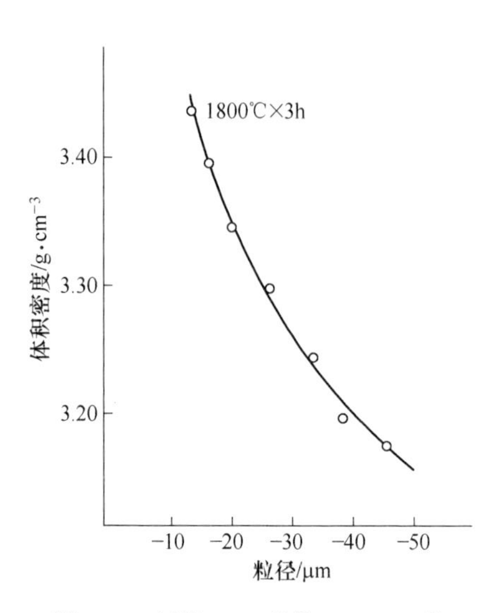

图 3-54　活性 MgO 粉体（90%）的粒径与死烧镁砂体积密度的关系

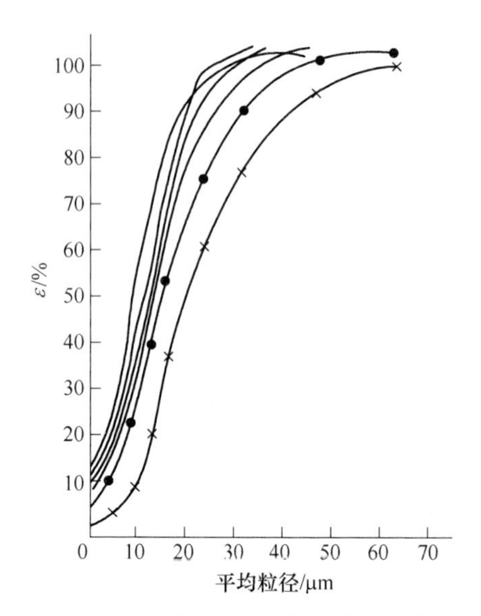

图 3-55　轻烧 MgO 粉料的粒度分布

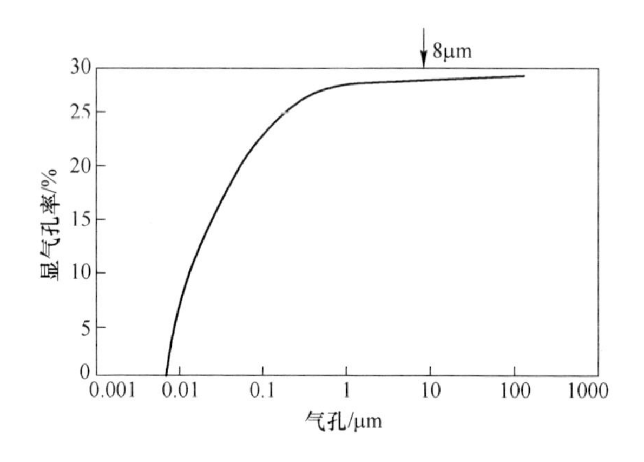

图 3-56　生球坯显气孔率的分布

3.2.5.3　轻烧 MgO 水化的活化烧结

天然镁碳酸盐（菱镁矿）在适宜的轻烧温度（一般为 850~950℃）下分解为活性 MgO 物料（也称为轻烧 MgO）。其粉体颗粒往往保留有碳酸盐菱面体结晶结构（假相），也称为 MgO 粒子聚集体，其结合强度较大，压密时难以破坏，充填性差，因而其压密体的显密度小，烧结性能不好。

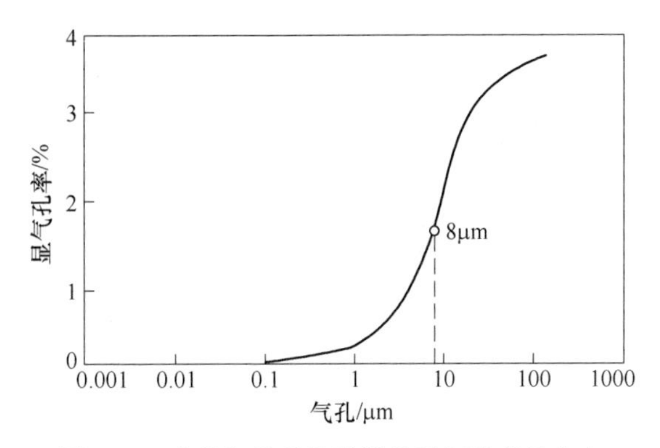

图 3-57 高纯组晶质烧结镁砂显气孔率的分布

表 3-9 显气孔率及其在烧结过程中的变化

项 目	显气孔率/%
生球坯显气孔率	29.2
死烧后显气孔率	3.7
显气孔率降低率	87.3

活性 MgO 粉料水化是强烈的放热反应，由于水化过程强烈的崩散作用，生成的 $Mg(OH)_2$ 比表面积迅速增大，晶粒变小，从而彻底破坏了原来 MgO 粉料中的菱镁矿假相。扫描电子显微镜观察发现，该粉料已不存在碳酸盐菱面体结构，晶粒仅 0.3μm。表 3-10 列出了由菱镁矿轻烧得到的轻烧 MgO(Ⅰ)、水化后的 $Mg(OH)_2$ 和再脱水（800℃）的氧化物（MgO)(Ⅱ ）的物理性质比较。由表可见，$Mg(OH)_2$ 的比表面积大体上是相应 MgO(Ⅰ ）的 2~3 倍。$Mg(OH)_2$ 经轻烧再分解为氧化镁［表 3-10 中 MgO(Ⅱ)］是水化前 MgO(Ⅰ ）的 4 倍。我们知道，粉体颗粒越细，比表面积越大，其表面能也就越高。

表 3-10 菱镁矿轻烧、水化及再脱水产物的物理性质

试 样	比表面积/$m^2 \cdot g^{-1}$	晶格常数/nm	晶粒大小/nm
MgO(Ⅰ)	6.8	0.4208	95.0
$Mg(OH)_2$	16.2	—	—
MgO(Ⅱ)	28.7	0.4214	60.0

另外，表 3-10 中，MgO(Ⅱ ）较 MgO(Ⅰ ）有较大的晶格常数，说明水化后导致了晶格的扭曲变形，增加了晶格缺陷，这些都会提高粉料的活性，加速离子扩散。在这种情况下，如果以扩散控制烧结，压密体的烧结速度计算公式（相对密度）可以表示如下：

$$u = u / \{1 - 3[BD\sigma\delta^3/(r^m KT)]^{1/n} t^{1/n}\} \tag{3-113}$$

可见，由于水化后再轻烧的产物有高的表面能 σ、高的扩散系数 D 和小的粒子半径 r，可以大大加速烧结的进程。由 $Mg(OH)_2$ 制备的 MgO 粉体的性质列入表 3-11中。由表看出，在空气中将 $Mg(OH)_2$ 煅烧至 1000℃时，所含的水是排不尽的，明显地证明了残余水分为表面基团所吸附，而且所含的水量与表面积成正比。煅烧至 1380℃时仍含有 0.12%的化学水。假如水分子的横截面积以 1.5nm 计算，热分解后 MgO 所含水按单分子层吸附计算的面积，与实际测定比表面积的比值为 Q 示于表 3-12 中。表 3-12 中列出的 $Q\approx1$，说明水作为 OH^-基团存在于 MgO 表面。

表 3-11　由 $Mg(OH)_2$ 制备 MgO 粉料的性质

制备温度 /℃	制备时间 /min	机械水 /%	化学水 /%	比表面积 /$m^2 \cdot g^{-1}$	溶解热 /$kJ \cdot mol^{-1}$	密度 /$g \cdot cm^{-3}$
380	120	0.15	3.66	267	156.77	3.32
500	60	0.15	2.00	177	156.56	3.31
700	60	0.10	0.75	37	15.04	3.42
1000	105	0.10	0.15	9.0	152.79	3.46
1380	105	0.13	0.12	4.5	151.53	3.53

表 3-12　由 $Mg(OH)_2$ 制备的 MgO 含水量与表面积的关系

制备温度/℃	化学水/%	比表面积/$m^2 \cdot g^{-1}$	Q 值
380	3.66	267	0.69
500	2.00	177	0.63
700	0.75	37	1.07
1000	0.15	9.0	0.83
1380	0.12	4.5	1.30

图 3-58 是阿姆德森（Amdeson）等给出的水化面（100）的截面示意图。MgO 表面离子上吸附 OH^-基团，余下的 H^+与邻近表面 O^{2-}离子形成另一个 OH^-基团，水化表面可以被看作是由两个不同静电位置的 OH^-基团立方体系构成。

根据吸附理论，除非经特殊处理，固体表面总是被吸附膜所覆盖着。这是因为新鲜表面有较强的表面张力，能迅速地从空气中吸附气体或其他物质来满足它的要求。据此即可设想，氢氧化物在烧结过程中热分解为氧化物时，其新鲜表面必定从空气中吸附一定 H_2O 来满足表面的吸附要求，在一定的温度下处于脱水吸附的动态平衡。可见，脱水后的氧化物表面在低温、中温为未分解的或吸附的 OH^-基团所覆盖，如图 3-58 所示。

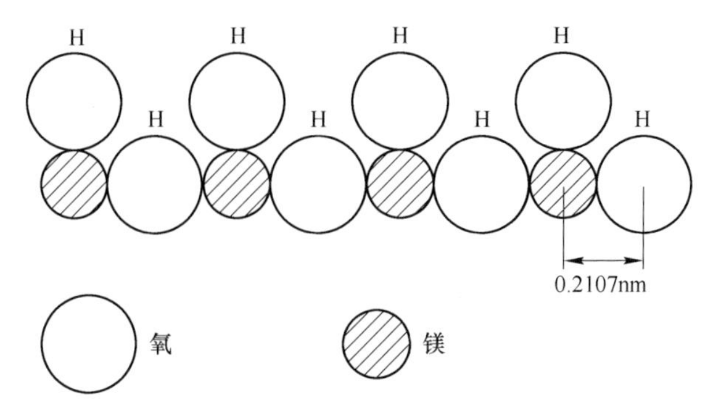

图 3-58 理想的水化面（100）的截面示意图

在烧结过程中，氧化物表面吸附的 OH^- 基团对于烧结有明显的促进作用。滨野健也认为，这种作用是氧化物（例如 MgO 等）粒子表面吸附水蒸气形成阳离子空位，在吸附 OH^- 脱离的同时形成阴离子空位，导致氧化物（例如 MgO 等）粒子表面空位增加，提高扩散系数从而促进材料烧结。

例如，某菱镁矿［w(MgO)≈97.3%］，按菱镁矿轻烧（1000℃×2h)→MgO(M-Ⅰ)水化→$Mg(OH)_2$(M-H) 经（800℃×2h）→MgO(M-Ⅱ）的步骤制成各相应试样，进行烧结行为的研究。分别得到：MgO(M-Ⅱ）的烧结初期结果示于图 3-59 和图 3-60 中；MgO(M-Ⅰ）烧结中期的结果示于图 3-61 中，而试样烧结的 m、Q 值则列入表 3-13 中。

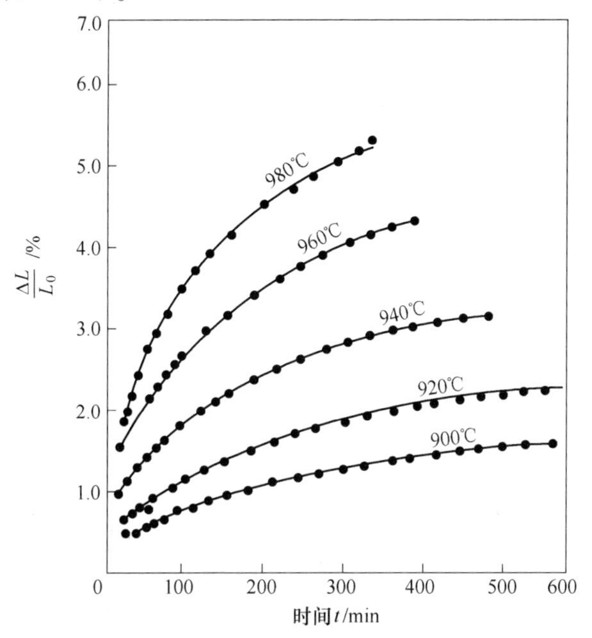

图 3-59 试样 M-Ⅱ的 $\Delta L/L_0$ 与 t 的关系

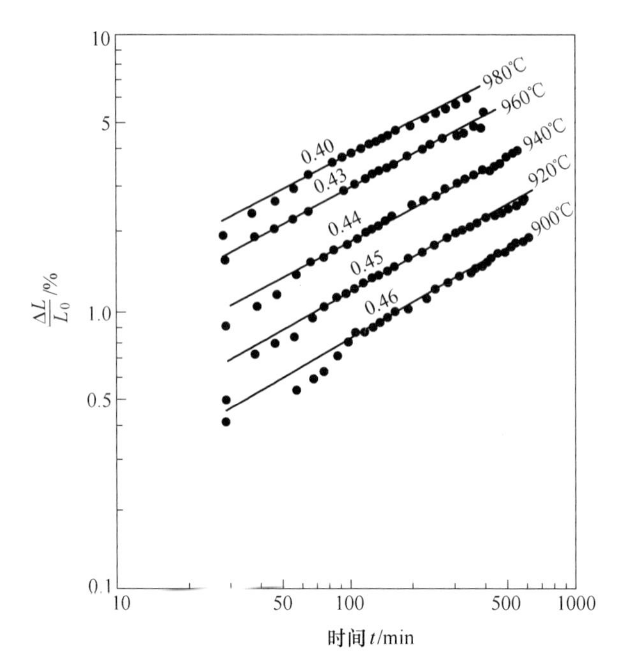

图 3-60　试样 M-Ⅱ的 $\Delta L/L_0$ 与 t 的关系

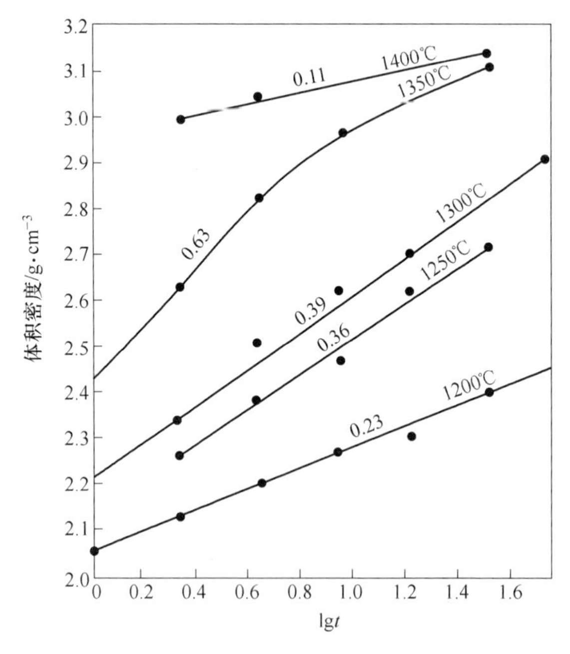

图 3-61　试样 M-Ⅰ的密度与 lg$t$ 的关系

（烧结温度为 1200～1400℃）

表 3-13 试样烧结的 m、Q 值

试样	m		Q/kJ · mol^{-1}	主要烧结机理
	范围	平均值		
M-Ⅰ	0.51~0.37	0.45	703.25	体积扩散
M-Ⅱ	0.46~0.40	0.44	627.90	体积扩散
M-H	0.45~0.36	0.42	535.81	体积扩散

图 3-60 中表明，$\lg(\Delta L/L)$ 对 $\lg t$（除 1350℃外）均为直线，符合 $D=C+K\lg t$ 的动力学经验公式。直线斜率在 1200~1250℃范围内变化较大（0.23~0.36），1250~1300℃却变化很小，表示不同温度区间的烧结速率有差别。值得注意的是，1400℃直线斜率只有 0.11，1350℃前段直线斜率很大（0.63），而后段弯曲并趋于平坦，说明烧结机理在 1350℃左右发生了变化，据推测与液相形成有关。

综上所述，水蒸气能够促进 MgO、CaO 及其混合物的烧结。随着水蒸气分压 p_{H_2O} 的提高，其作用更为明显。在通入水蒸气的情况下，由于体积扩散烧结转变为晶界扩散机理，初期烧结的表观活化能有明显降低。

4　耐火材料的设计

4.1　耐火材料的性能与评价

耐火材料的性能与从原料生产的一系列工序有关。因此，严密各工序是完全必要的，尤其是重要的工艺过程，都应进行严格的质量管理。就产品而言，对于其主要的性能也应进行监测。出厂阶段耐火材料作为产品才是其使命的开始，在砌筑窑炉内衬时，它就会碰到更加苛刻的要求。在高温下，耐火材料与炉渣、分解气体、粉尘接触，产生局部的热应力，有时甚至可能还会遇到高压。因此，耐火材料在使用中也会经常产生变化，必须确立使用中或使用后设定的试验方法。

耐火材料性能可以分为固有的一般性能和使用性能，如耐蚀损性能。在选择和使用耐火材料时，必须掌握能耐得住直接蚀损的性能。当然，它与耐火材料本身固有的一般性能有非常密切的关系，因为从一般性能可以类推出材料的耐蚀损性能，见表 4-1。

表 4-1　耐火材料的性能与评价

项目	内　　容	项目	内　　容
组织、成分	（1）组织：宏观结构和显微结构分析； （2）成分：化学组成、矿物组成和元素组成	热性能	（1）比热容； （2）热导率； （3）热膨胀收缩； （4）耐火度； （5）荷重软化性状、蠕变性状； （6）高温抗折强度； （7）抗热震性
物理性能	（1）体积密度； （2）气孔率、吸水率、透气率； （3）电性能； （4）弹性模量； （5）耐压强度、抗折强度； （6）耐磨损性	化学性能（高温下反应和变化）	（1）耐蚀性（由炉渣、熔融体引起的侵蚀）（由燃气、气体引起的侵蚀）； （2）耐火材料之间的反应； （3）在高温下的耐真空性

关于耐火材料的性能与评价，应仔细考虑一般性能与耐蚀损的直接性能之间的关系，同时需要考察分析的能力和对性能值测定方法读取数据的能力。关于一

般性能，大部分已经标准化、规范化；关于直接的性能，一部分已经规范化，而尚有部分需要修正。

耐火材料的性能，例如 MgO-C 砖，其全面质量的重要性能为：

（1）高密度与低密度；

（2）低的机械的、化学的和热的侵蚀；

（3）高的抗折强度；

（4）高的抗热震性；

（5）最低的气孔率；

（6）高的残余碳含量；

（7）碳、结合剂、金属和非金属添加剂的均匀分布；

（8）最佳的结构布置；

（9）在加工和压制过程中颗粒不损坏；

（10）极好的表面质量；

（11）无气穴、夹层和夹入空气；

（12）公差小。

虽然这里所列的大部分性能主要受到化学成分、物理性质及混合料结构的影响，但结合剂的种类、使用石墨的质量与数量、加工和成型技术都起到了同样重要的作用。

在工业窑炉上使用耐火材料时，存在着使用部位、操作条件、窑炉设计条件等，特别是在操作条件方面，由于窑炉容积、炉型、操作温度、炉中压力、炉内气氛、加热物、熔解物、炉壳温度等条件的不同，选择的耐火材料截然不同。

4.2 基本理论应用

在耐火材料材质的设计中，需要应用的基本理论主要有各相间的强化法则、相平衡、非相平衡、显微结构及其控制、耐火材料及其复合耐火材料的研究方法等。

4.2.1 强化法则

氧化物系耐火材料在使用过程中，熔渣易于从加热面（工作面）浸透进入其内部的深处，使工作面附近气孔率显著降低而致密化，生成很厚的变质层。当温度剧烈变化时，在变质层与原砖层之间的交界面处产生平行于工作面的裂纹，从而导致其剥落损毁（结构剥落）。对于间歇式操作的窑炉来说，耐火材料的这种结构剥落往往成为其损坏的主要原因。

陈肇友认为，减少耐火材料结构剥落的方法是：

（1）提高耐火材料的抗炉渣浸透性；

（2）降低耐火材料的气孔率；

（3）炉渣与耐火材料形成熔点高的化合物挡墙；

（4）增加炉渣的黏度。

陈肇友同时指出，提高耐火材料的抗炉渣浸透性，其关键是降低耐火材料中主晶相之间的界面能，使主晶相之间直接结合牢固，使材料中形成的低熔点物质以孤岛状存在。

对于本来就存在一定数量气孔的耐火材料，为了减轻熔渣等外来成分的浸透和侵蚀，最重要的技术措施是强化粒子间的结合。

作为强化耐火材料中粒子间结合的重要例子是直接结合 MgO-Cr_2O_3 砖，其强化机理是通过溶解-析出反应而使两者达到结合。

传统镁质耐火材料的最大缺点是方镁石粒子之间的结合力较弱，在使用中收缩大，同时对温度急变也十分敏感，容易产生崩裂，所以难以在热工设备的关键部位使用。铬砖在使用时虽然具有对熔渣的化学惰性并且与其他耐火材料（除 MgO 和 CaO 砖外）不起反应，但它也像镁砖一样，对温度急变十分敏感，而且其高温荷重性能也不高。当将两者搭配生产 MgO-Cr_2O_3 砖时，就可获得非常高的使用寿命；原因是它们在烧成时，铬铁矿中的（Mg，Fe)(Cr，Al，Fe)$_2$O$_4$ 溶解在杂质 SiO_2-Al_2O_3 系液相内，随后在冷却过程中在 MgO 粒子间析出富集了 Cr_2O_3 的 $MgO \cdot Cr_2O_3$(Cpinel)，从而强化了 MgO 粒子间的结合。MgO_{SS} 的晶体结构与 MgO、$MgO \cdot R_2O_3$(CP_{SS}) 晶体结构的比较如图 4-1 所示，MgO-铬铁矿相平衡图如图 4-2 所示。

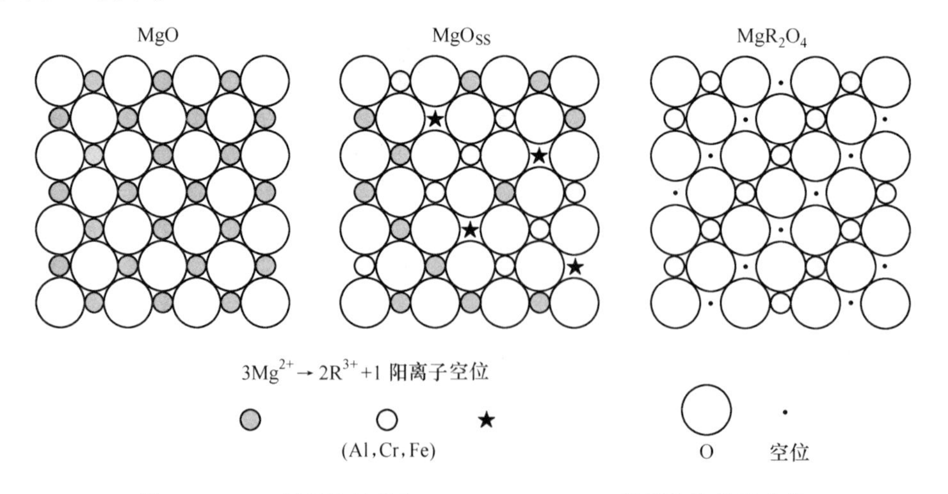

图 4-1　MgO_{SS}的晶体结构与 MgO、$MgO \cdot R_2O_3$ 的晶体结构的比较

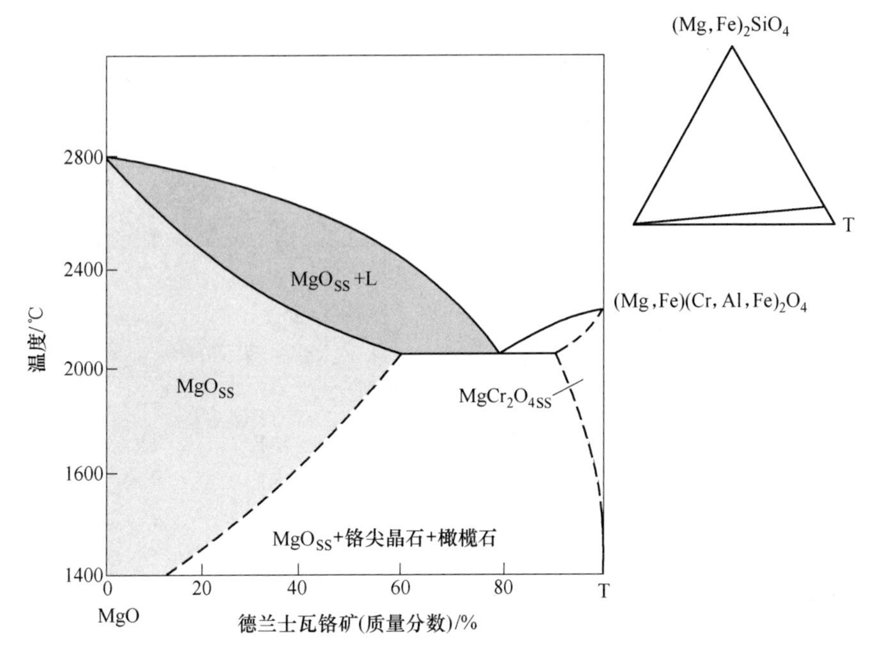

图 4-2 MgO-铬铁矿相平衡图

T—德兰士瓦铬矿（92.5%铬尖晶石，7.5%橄榄石）

$w(MgO)$ = 11.8%；$w(FeO)$ = 17.4%；$w(Fe_2O_3)$ = 8.9%；$w(Cr_2O_3)$ = 43.8%；$w(Al_2O_3)$ = 15.0%

MgO-Cr_2O_3 砖（由镁砂-铬铁矿混合料制成）在烧成过程中，铬铁矿中的脉石矿物依据组成不同在某一温度（约 1200℃）熔化，熔化后迁移到铬铁矿粒子表面，并在那里与镁砂基质反应形成高熔点的 2MgO · SiO_2 固态硅酸盐。当温度上升到 1500℃时，变化不大；当温度由 1500℃上升到 1600℃时，组成铬铁矿粒子镶边的硅酸盐即离开铬铁矿粒子，迁移到砖的基质中，而加厚原来与方镁石结合的硅酸盐膜，并使大多铬铁矿粒子周围形成裂隙（壳型气孔），氧化铁则向晶界中扩散。当温度进一步升高时，铬铁矿粒子中的 Cr_2O_3 和 Al_2O_3 成分主要通过三种渠道向氧化镁粒子中扩散：

（1）在 MgO 中形成固溶体的扩散；

（2）在硅酸盐熔体中的溶解扩散（见图 4-3），MgO · R_2O_3 溶解于硅酸盐熔体中；

（3）作为蒸汽相（特别是铬）的扩散，而形成复合尖晶石（$Spinel_{SS}$）和 MgO_{SS}。

在烧成后的冷却过程中，复合尖晶石（$Spinel_{SS}$）从 MgO_{SS} 中析出并存在于颗粒中以及颗粒边界上，起着充填颗粒空隙的作用，如图 4-4 和图 4-5 所示。图 4-6、图 4-7 和图 4-2 示出了铬铁矿在 MgO 中的固溶情况和固溶范围。

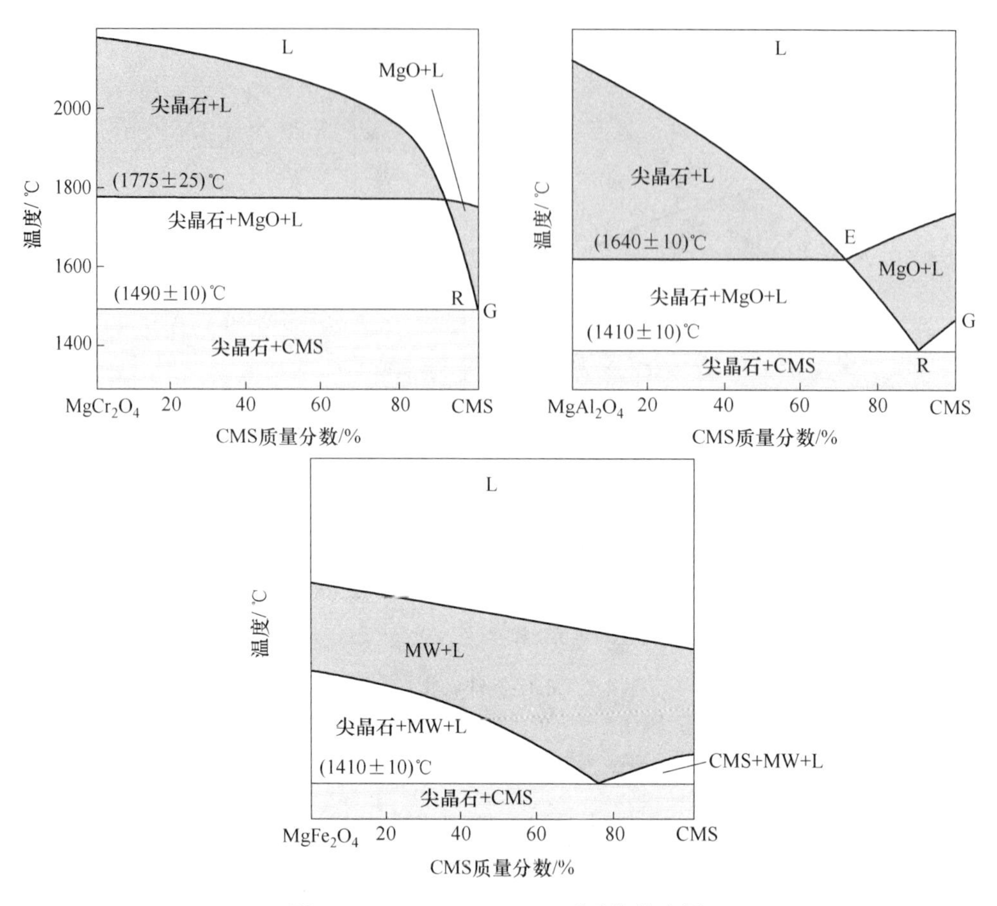

图 4-3　MgR_2O_4-$CaMgSiO_4$ 系平衡状态图

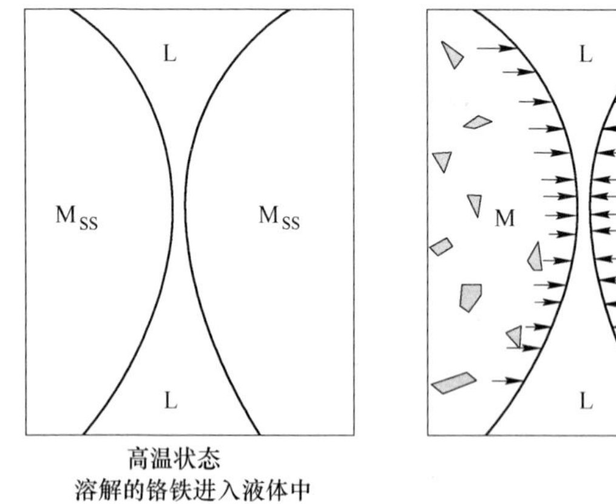

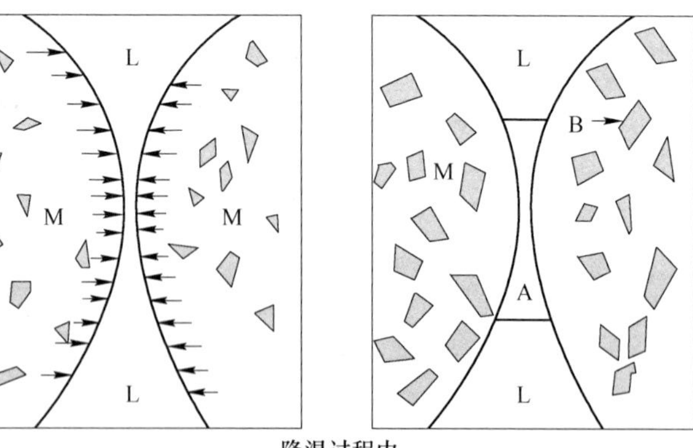

图 4-4　直接结合形成过程概略图

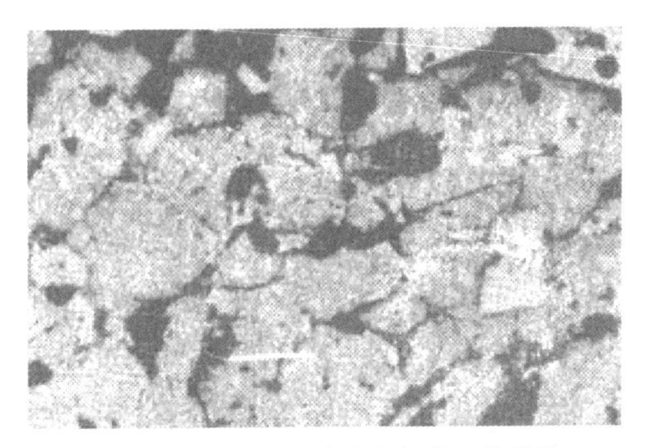

图 4-5 $MgO-Cr_2O_3$ 合成材料的显微结构

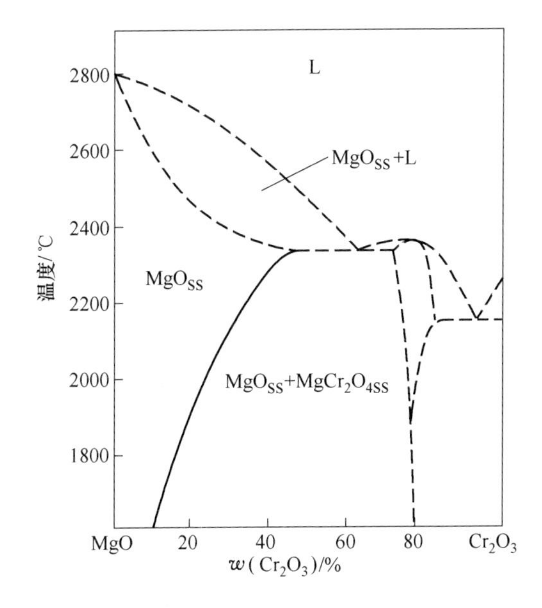

图 4-6 $MgO-Cr_2O_3$ 系相平衡

由于结构的类似性（见图 4-1），特别是由于从 MgO_{SS} 中不用改变氧的配位，由离子的微小移动即可取得复合尖晶石结构，所以对方镁石来说，它是在一定方向上析出（定向结晶或取向结晶）的。因此，其颗粒界面能量最小，二面角最大。其结果是，液相被固相封闭以至孤立起来，从而强化了两者的结合，增加了材料的强度，如图 4-8 所示。同时能容易想象到：由于 $MgO-Cr_2O_3$ 砖中颗粒界面结合力较强，所以通过这种颗粒界面的外来物质的侵入也就难以发生。

应当指出的是，要形成比较理想的界面结合，R_2O_3 向 MgO 颗粒中充分扩散是必要的。因此，为了促进 $MgO-Cr_2O_3$ 砖中颗粒界面的发展，就应使 R_2O_3 向

MgO 颗粒中较多的固溶。要达到这一目的，只有将烧成温度提高到 1800℃ 甚至更高，才有可能提高离子的扩散所要求的速度。

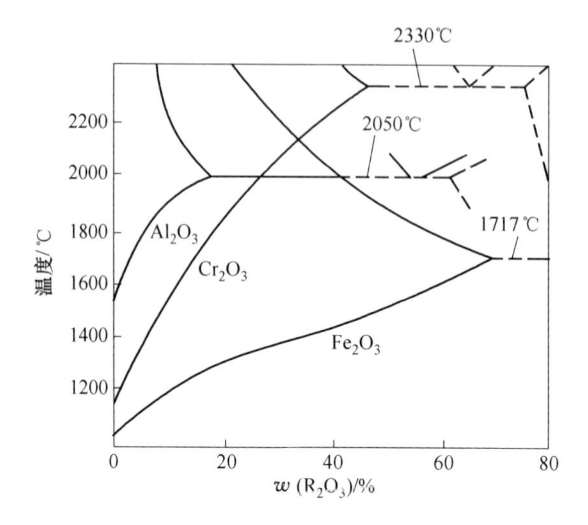

图 4-7　R_2O_3 在 MgO 中固溶量与温度的关系

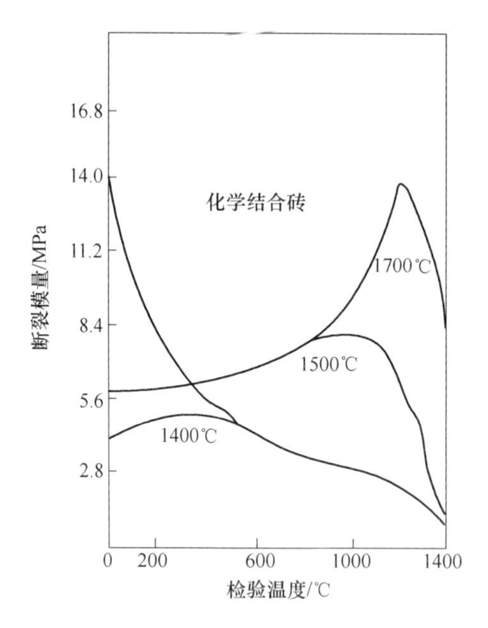

图 4-8　不同温度烧成镁铬砖的强度

4.2.2　相平衡的应用

在耐火材料的科学研究、工艺制造和实际应用中，都大量引用相平衡图。

相图是实验研究的结果，是许许多多实际测定数据的概括和综合，是根据一系列实际测定数据和测试结果绘制出来的。因此，可以运用有关的相平衡图来分析和说明耐火材料在研究、制造和应用中所发生的一系列现象和出现的问题。在开发耐火材料新品种时，也可以依据相平衡图来确定它们合理的相组成。这样，就有可能使新开发的耐火材料品种中各相的强化达到最高程度，从而提高它们的抗损毁能力使其达到最优化。例如，在 $MgO\text{-}CaO\text{-}SiO_2$ 系统中，若只有 MgO 和液相共存，其固-固接触的程度是相当低的，如图 4-9 和图 4-10 所示。当调整其组成中的 CaO/SiO_2 比使硅酸相以 $2CaO\cdot SiO_2$ 存在，其固-固接触的程度就明显提

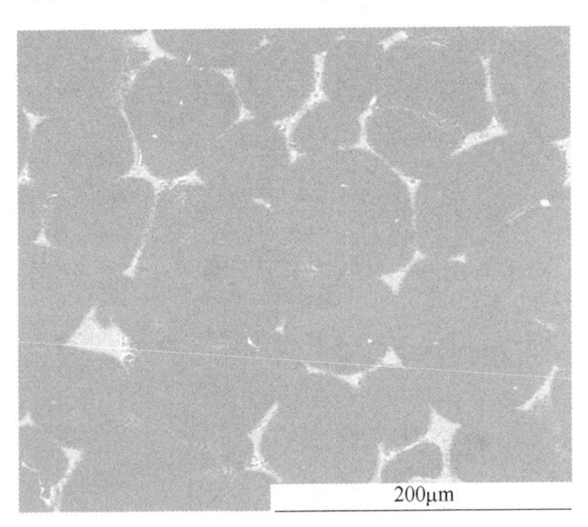

图 4-9 $CaO/SiO_2=0.9$，$w(MgO)=95\%$的镁砂显微结构

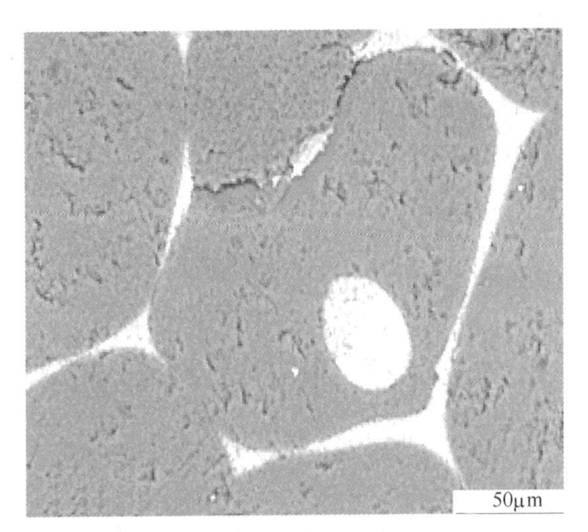

图 4-10 高纯镁砂扫描电镜图片

（方镁石晶粒间充满 $SiO_2\text{-}CaO$ 系液相，低 CaO/SiO_2 比硅酸盐）

高。因为 $2CaO\cdot SiO_2$ 能渗入方镁石晶粒之间，将方镁石晶粒表面上的液相排挤出来，如图 4-11 和图 4-12 所示。这种存在第二固相（$2CaO\cdot SiO_2$）的镁质耐火材料可具有在使用温度下减少液相在方镁石晶粒间渗透的能力，因而其耐用性能明显优于传统的镁质耐火材料。

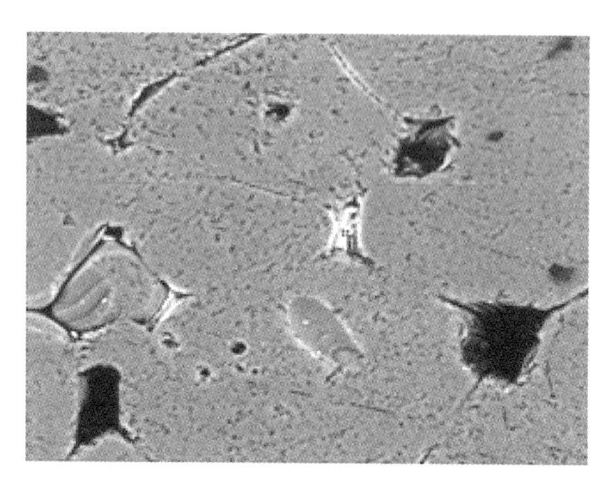

图 4-11 $CaO/SiO_2>2$ 的高纯烧结镁砂的显微结构

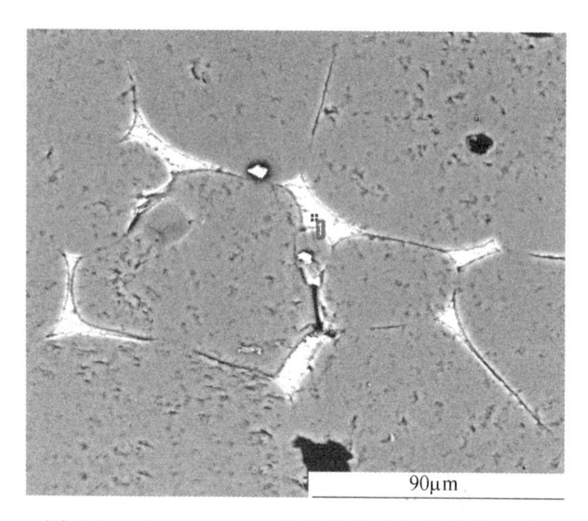

图 4-12 $CaO/SiO_2>2$ 的高纯镁砂扫描电镜照片

（方镁石晶粒的硅酸盐相以孤岛状存在，MgO-MgO 的结合程度很高）

镁质耐火材料的 CaO/SiO_2 摩尔比不同时，其相组合也不相同（见表4-2），因而各组合的固化温度相距很大。显然，根据各相的最大强化法则可以认为，相平衡图是耐火材料中相的温度强化。也就是说，相平衡图是研究和开发耐火材料新产品的起点和必须遵循的准则。

表 4-2 镁质耐火材料的 CaO/SiO_2 摩尔比和相组合

CaO/SiO_2 摩尔比	0	0~1	1	1~1.5	1.5	1.5~2	2.0
相组合	MgO	MgO	MgO	MgO	MgO	MgO	MgO
	M_2S	M_2S	CMS	CMS	C_3MS_2	C_3MS_2	C_2S
		CMS		C_3MS_2		C_2S	
固化温度/℃	1860	1502	1490	1490	1575	1575	1790

注：M=MgO，C=CaO，S=SiO_2，如：CMS=CaO · MgO · SiO_2 等。

4.2.3 非相平衡的应用

相平衡图表明的通常只是物系在具体条件下所达到的热力学平衡状态，一般并不表示相变化动力学进程。但在将相平衡图应用于耐火材料的设计时，相变化动力学因素和相变化动力学进程是必须考虑的。尤其是在制造和应用（特别是与熔渣接触）耐火材料时，各物相往往未达到平衡，因而经常观察到耐火材料制造和应用的实际情况并不完全与相平衡图中所表明的情况相同，其原因有以下几种情况。

（1）在制造耐火材料时未达到平衡是由于配料混合不均。因为制砖泥料是采用不同粒度的多级配料，而且混合也不可能像研究相平衡时，各种组元的混合体要经过非常细致的研磨、非常均匀的混合、熔融或烧结，往返数次。

（2）耐火材料在使用时，它与熔渣接触的时间往往是很短的，因而两者反应难以达到平衡。

（3）耐火材料中的物相属于多相体，在烧成或者使用过程中，还没有来得及完全转化，从而导致对应的耐火材料不同程度地偏离平衡状态。

非平衡在耐火材料中的应用很普遍。例如，SiO_2-Al_2O_3 系统中，在平衡的条件下，$w(Al_2O_3)<72\%$的混合物不会出现刚玉（α-Al_2O_3）相。但是，早期曾发现硅酸铝熔体比较容易出现“刚玉的非稳定态”生长；也是由于刚玉结晶的速度非常快，硅酸铝熔体常常呈现出非稳定态地析出刚玉和刚玉晶体迅速发育生长的现象。帕斯克（Pask）等在研究 SiO_2-Al_2O_3 系相图时同样遇到过刚玉优先非稳定态析晶的现象，并绘制出在产生刚玉非稳定态析晶的情况下的 SiO_2-Al_2O_3 系亚稳定相图。

相反，有时在烧成黏土砖或者半硅砖［$w(Al_2O_3)$约为 30%］时，也可能会有许多 SiO_2 存在。例如，早期在研究酸性平炉风口砖以提高寿命时，发现在含有$w(Al_2O_3)$约为 40%的黏土中加入 20%（质量分数）的生石英可造成其软化。由于在配料时加入的石英在烧成过程中以及在使用时都没有来得及与黏土进行反应或者反应不完全，实际上它们属于一种分布着小的 SiO_2 嵌入黏土内的高级黏土砖。因为这种黏土砖对于富铁熔渣具有相当高的抵抗能力，从而提高了风口的使用寿命。

非平衡应用最有说服力的例子是蜡石质耐火材料，这种耐火材料是一种最有效地发挥了硅氧特点的材料，它是以叶蜡石为原料制成的。叶蜡石的分子式为 $Al_2O_3 \cdot 4SiO_2 \cdot H_2O$，化学组成的理论值（质量分数）为 28.3% Al_2O_3、66.7% SiO_2 和 5% H_2O。在 SiO_2-Al_2O_3 系统中，其组成（质量分数）在 30% Al_2O_3 和 70% SiO_2 左右的范围是高硅质耐火材料的标准。

由图 4-13 看出，SiO_2-Al_2O_3 系耐火材料对碱性炼钢初期渣（$CaO/SiO_2 \approx 0.5 \sim 1$）的抗渣性。高硅质 SiO_2-Al_2O_3 耐火材料的抗蚀能力随着 SiO_2 含量的增加而提高，说明蜡石质耐火材料中增加 SiO_2 含量能提高抗蚀能力。

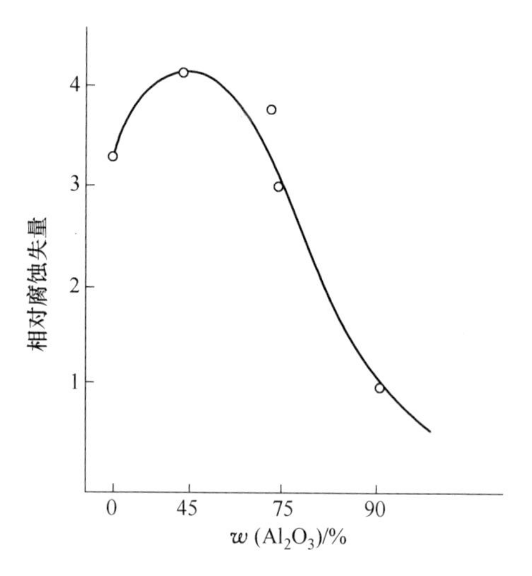

图 4-13　SiO_2-Al_2O_3 系耐火材料对碱性炼钢初期渣（$CaO/SiO_2 \approx 0.5 \sim 1.0$）的抗渣性

显微结构分析表明，加入 SiO_2 的蜡石质耐火材料与上述风口砖类似，它无论是在烧成中还是在使用时，SiO_2 与 Al_2O_3 没有来得及完全反应，因而是一种分布着小的 SiO_2 嵌入黏土内的高级 SiO_2-Al_2O_3 耐火材料。它们的显微结构是 SiO_2 微粒被玻璃相所包围，而不是相同化学组成的均匀材料。这种显微结构的 SiO_2-Al_2O_3 耐火材料具有使应力缓和，同时能抑制熔渣浸透等优良特性。在裂纹和砖缝存在的情况下，由于膨胀软化也会得到熔接，使内衬成为一体，这种耐火材料曾经作为钢包内衬使用提高了钢包寿命。

非平衡应用还可举出“过冷液体”的例子。在 SiO_2 多晶转变（见图 4-14）中，自由能最低的相最稳定，所以石英在低于 867℃（或 870℃）时稳定，鳞石英在 867～1470℃ 时稳定，方石英则在高于 1470℃ 时稳定，如图 4-15 所示。不过，图 4-14 和图 4-15 示出的 SiO_2 各变体的稳定情况是在有杂质存在时的结果，

而纯 SiO_2 产生的自由能如图 4-16 所示。该图表明，以 1025℃为界限，在低温侧石英是稳定的，在高温侧方石英是稳定的，鳞石英却是不稳定的。

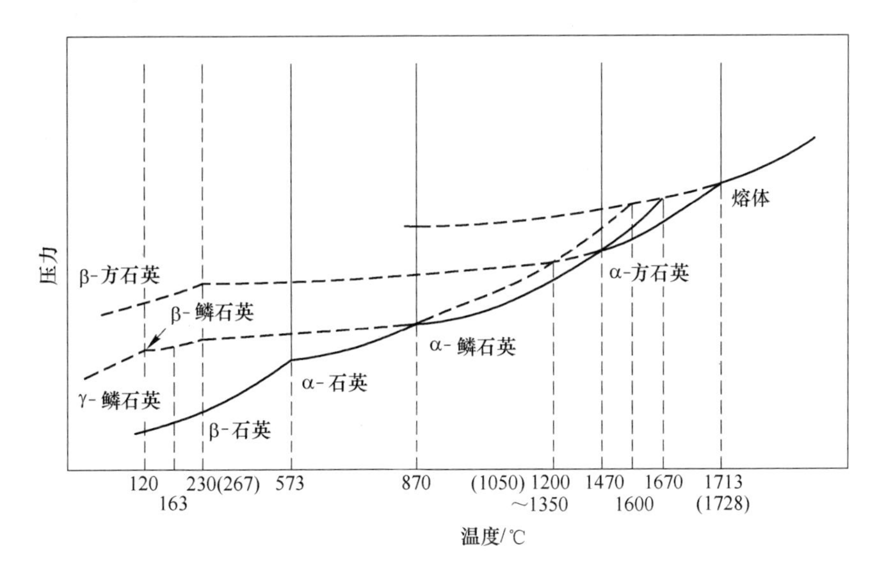

图 4-14 SiO_2 状态图

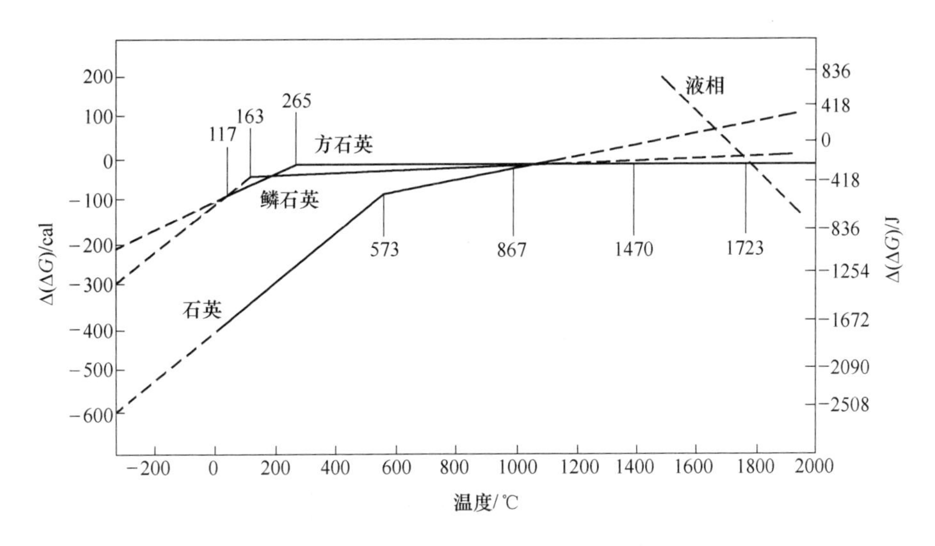

图 4-15 SiO_2 中方石英产生的自由能

SiO_2 的熔点为 1723℃，石英玻璃（过冷液体）在热力学上是不稳定的，如图 4-15 所示。但由于 SiO_2 单键强度大于 334.4kJ/mol(80kcal/mol)［Si—O 单键强度为 451.4kJ/mol(108 kcal/mol)，以及 $\Delta H_f/(T_{mp}\cdot\eta_{mp})$ 值小，ΔH_f 为熔化热，

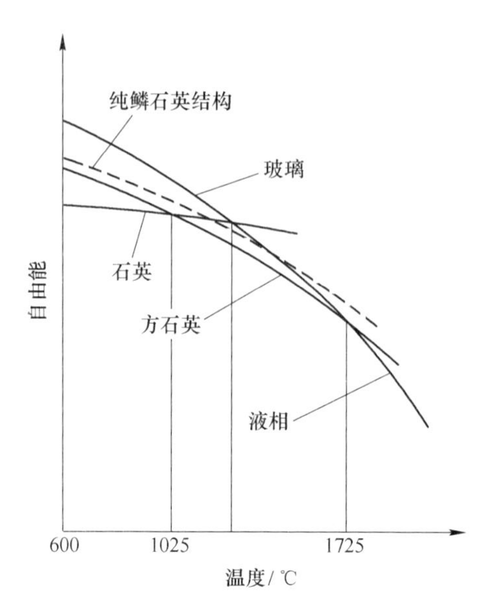

图 4-16　二氧化硅的自由能变化

η_{mp}为熔化温度 T_{mp}下的黏度]，因而具有极大地形成玻璃体的倾向。在温度下降时，SiO_2 熔体极易过冷而形成石英玻璃，无论是含杂质离子的 SiO_2 还是纯 SiO_2 都是如此，如图 4-17 所示。

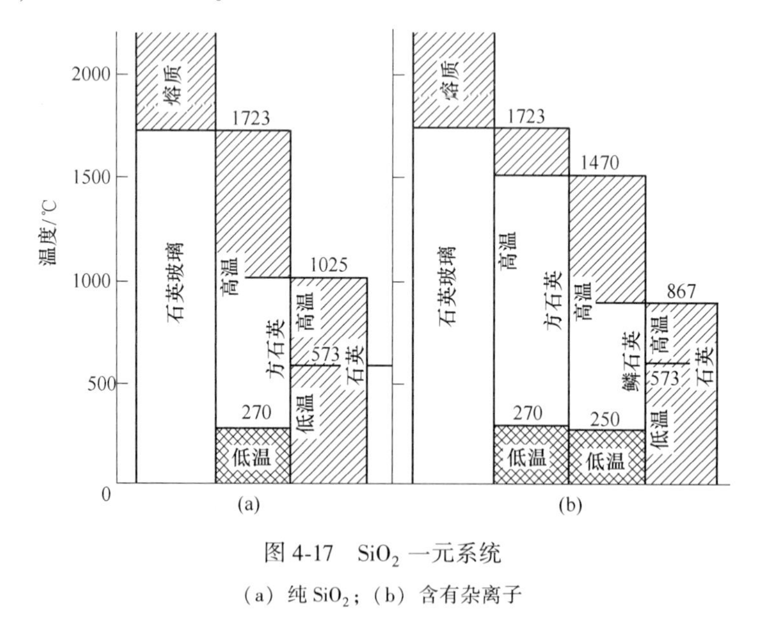

图 4-17　SiO_2 一元系统

（a）纯 SiO_2；（b）含有杂离子

石英玻璃（又称为熔融石英）具有线膨胀系数非常小（$5\times10^{-5}K^{-1}$）的特

征，故其抗热震性优异而适宜在严酷的热冲击环境中应用。其中，连铸用熔融石英水口砖就是这方面应用的一个十分突出的例子。

4.2.4 显微结构的控制

耐火材料显微结构是其发展的具有高潜力的另一领域。鉴于材料内部显微结构的不均匀性，许多有希望的方法都是可行的。在高技术合成材料的开发中所积累的理论和经验应转化和应用于改进耐火材料显微结构上。

耐火材料属于多相型，它包括相的种类、质量、大小、形状、方向和排列等。因此，耐火材料的基本组成都是由基体（骨料颗粒）、结合基质和气孔组成，只有少数例外。耐火材料的典型组织结构如图 4-18 所示。其中，骨料颗粒和结合基质也为多相型，前者是构成耐火材料的骨架，不仅起维持材料形状的作用，而且有阻碍裂纹扩展的能力，如图 4-19 所示。所以，它们本身（颗粒）的大小、形状和数量都会对耐火材料的性能（如强度和韧性）有影响。

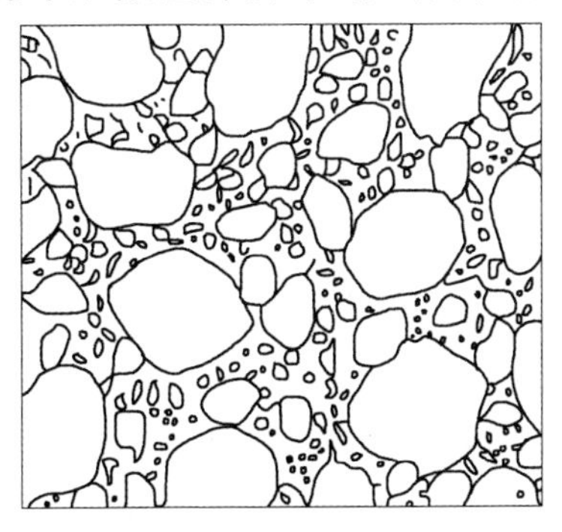

图 4-18 耐火材料的典型组织结构

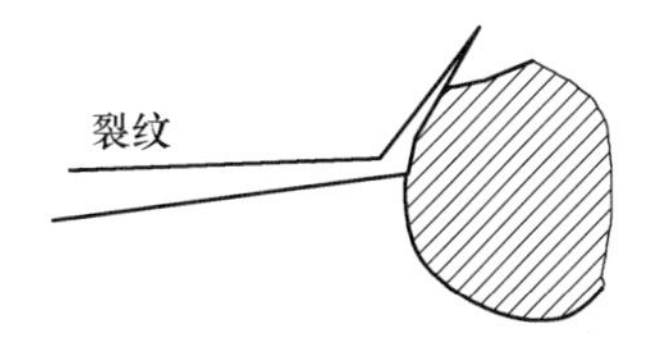

图 4-19 颗粒对裂纹的影响

正如图 4-19 所示出的那样，当裂纹前沿遇到颗粒时，通常不能穿过它，而是绕过界面或者基质向前推进。结合基质决定耐火材料组织结构的特征，并影响材料的性能。

（1）结合基质决定耐火材料的高温性能。当它们过早软化时，骨料颗粒优异的高温强度特性就将丧失。

（2）结合基质对耐火材料的抗热震性有着决定性的影响。因为耐火材料的断裂性能绝大部分由结合基质中的显微裂纹组织和裂纹扩展所决定。

在高温下，耐火材料中的液相形成对其性能有重要影响。通常，固-液体系达到平衡结构的形状取决于颗粒的表面能，两个固体颗粒间的界面能，在高温下经过充分时间使原子迁移或气相传质以后也能达到平衡。晶界能和表面能的平衡如图 4-20 所示，并可用式（4-1）表述：

$$\gamma_{SS} = 2\gamma_{SG}\cos\phi/2 \tag{4-1}$$

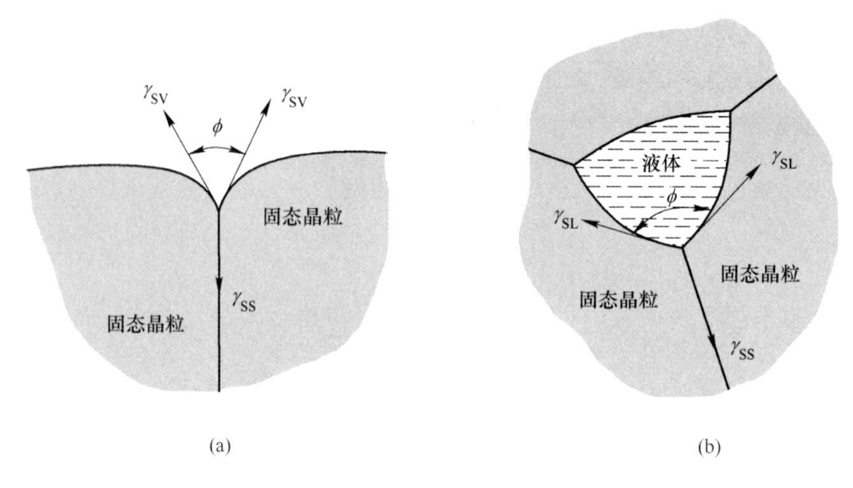

(a)　　(b)

图 4-20　晶界能和表面能的平衡

（a）热蚀角；（b）固-固-液平衡的二面角在平衡时

图 4-20（a）示出的沟槽通常是多晶样品在高温下加热形成的，而且在许多体系中曾观察到热腐蚀现象。通过测量热腐蚀角可以决定晶界能和表面能之比。同样，在没有气相存在时，如固相和液相处于平衡状态，则平衡条件如图 4-20（b）所示，因而有：

$$\gamma_{SS} = 2\gamma_{SL}\cos\phi/2 \tag{4-2}$$

式中，ϕ 为二面角。

对于两相体系，二面角取决于界面能与晶界能之间的关系：

$$\cos\phi/2 - (1/2)\gamma_{SS}/\gamma_{SL} \tag{4-3}$$

若界面能 γ_{SL} 大于晶界能，$\phi>120°$，而在晶粒交界处形成孤立的袋状第二相。若 γ_{SS}/γ_{SL} 比值介于 $1\sim3^{1/2}$ 之间，ϕ 就介于 60°～120°之间，而第二相在三晶粒交界处沿晶粒相交线部分地渗透进去。若 γ_{SS}/γ_{SL} 比值大于 $3^{1/2}$，ϕ 就小于 60°，第二相就稳定地沿着各个晶粒棱长方向延伸，在三晶粒交界处形成三角棱柱体。当 $\gamma_{SS}/\gamma_{SL}\geqslant2$ 时，$\phi=0°$，则平衡时各晶粒的表面完全被第二相所隔开。上述结构示于图 4-21 中。

由此可见，只有严格控制配料的化学成分才能获得所设计的显微结构；同时，只有耐火材料具有严格规定的组织结构才能获得所要求的特性。

已经证明，在所有有关的系统中，异晶粒间的界面能低于同晶粒间的界面能。例如，在 $MgO\text{-}CaO\text{-}Fe_2O_3$ 系统中，三相组成物的磨光片上出现三种不同的二面角：$\phi_{CaO\text{-}CaO}=10°$，$\phi_{MgO\text{-}MgO}=15°$，$\phi_{MgO\text{-}CaO}=35°$，即异晶粒的颈处形成的二面角比同晶粒的颈处形成的二面角要大，说明异晶粒间的界面能比同晶粒间的界面能低。里格等也发现，在方镁石-$MgO\cdot Fe_2O_3$-液相的坯体中，液相在异晶粒间的渗透比在同晶粒间的低。

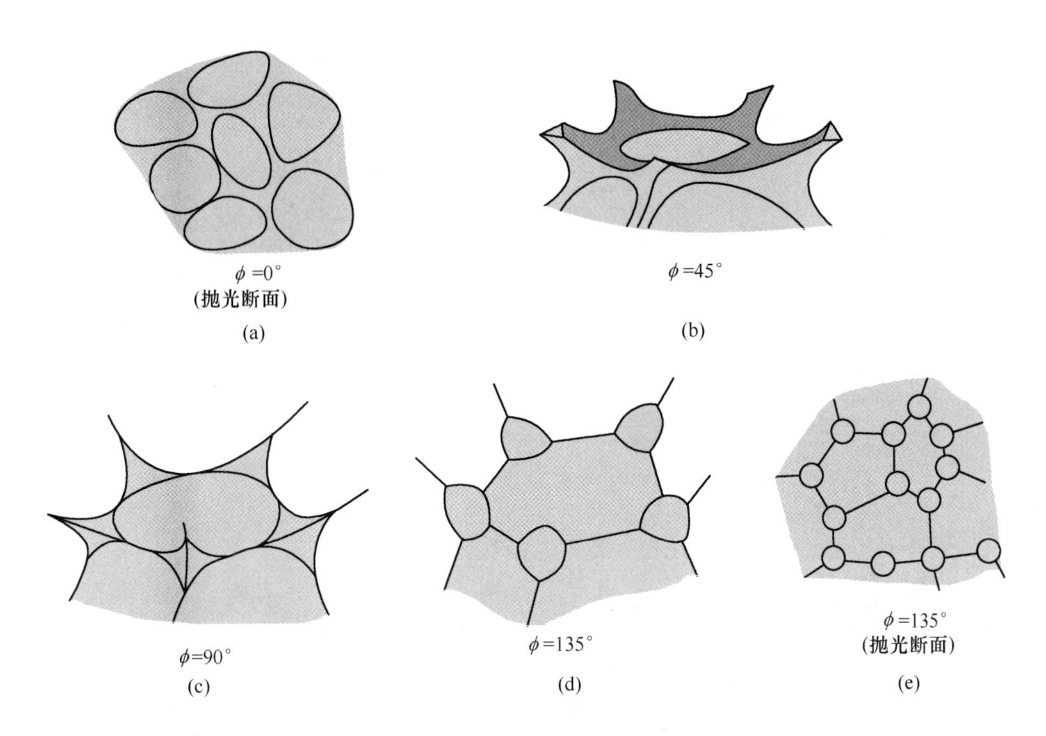

图 4-21 不同二面角情况下的第二相分布

在 $MgO-CaO-SiO_2$ 系材料中，当只有方镁石-液相时，固-固结合程度相当低；当另有 C_2S 固相存在时，其固-固结合程度则提高，并发现 C_2S 能渗透进入方镁石晶粒之间，把方镁石晶粒表面上的液相排挤出来。这说明镁质耐火材料中最好有第二固相存在，以便在使用温度下减少液相在方镁石晶粒间的渗透。

传统镁质耐火材料一个内在的弱点是使用时形成的液相能在方镁石晶粒间渗透，从而会导致结构剥落。为此，可通过加入适当的外加成分或者调整组成以增大方镁石晶粒间形成的平衡二面角，但最有效的办法是设法调整组成以便在使用温度下有第二固相持续存在，如图 4-22 所示。早期的镁铬砖或铬镁砖的研究成果和晚期的高 CaO/SiO_2 比（低 B_2O_3）镁砖的研究成果都证明了这一结论。

耐火材料在使用中要经受高温或者温度急变、气氛变化以及被粉尘、蒸汽和熔渣所侵蚀，实际上，在热力学上是不稳定的。所以，耐火材料显微结构控制的目标就是维持有益的特点，减少相反的关系，以适当纯度、粒度、颗粒级配、矿物组合和加入物来改变某种关系，以便在耐火材料内建立起动力学屏障，以达到抵抗不可逆的结构和组成变化所引起的变质。

下面举例说明耐火材料显微结构控制的重大意义。

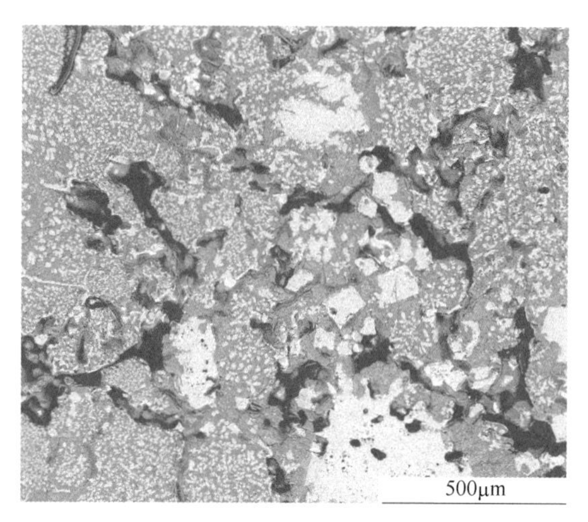

图 4-22　MgO-ZrO_2 质耐火材料显微结构

例 4-1　高铝质耐火材料生产的组织结构控制。

多年来，高铝质耐火材料在世界上得到了广泛关注：一方面，在高温窑炉中 1600℃以上的使用条件下其高温性能突出；另一方面，在 1600℃以上的温度范围内持续荷重下抗软化性能相当好。特别是刚玉耐火材料（其中一部分含质量分数 99%以上 Al_2O_3）令人注目。因为 α-Al_2O_3(刚玉）是一种在高温荷重下十分稳定的物相，即使在 1500℃以上，其蒸气压也很低，所以能在压力下降的窑炉生产中使用而不出现问题。由于这种耐火材料并非始终具有足够的抗热震性能而使其应用受到了限制，通过有目的的优化其组织结构能够有效地减少这种缺点。

在高温条件下，金属和气氛对耐火材料的侵蚀所导致的损毁是由基质开始的。显然，提高结合基质的抗蚀性能是提高铝质耐火材料抗蚀性能的重要途径。此外，有针对性地选择基质能够有助于对高铝质耐火材料的组织结构进行控制，提高材料的抗热震性能。这可按下列原则来设计高铝质耐火材料的结合基质：

（1）结合基质必须由可膨胀的结晶固体搭桥物组成，生成针状或长棱柱形、最好是交织的晶体结合更为适宜，这种晶体生长在骨料颗粒上；

（2）在结合基质中玻璃相的含量必须低，结晶的结合基质在材料-矿物学方面应由优质耐火相（莫来石、刚玉等）组成；

（3）形成一种强度足够高、同时可膨胀又有一定数量微裂纹的组织，以便获得较好的抗裂纹扩展性，提高材料的抗热震性能。但微裂纹会限制起始强度，这就需要在组织结构上做出调整。

高铝质耐火材料的制造工艺，主要是在不同的高温使用条件中，选择骨料颗粒和结合基质。对于选定的骨料颗粒和结合基质而言，主要是考虑能够适合在特定高温条件下控制材料的气孔尺寸和气孔率的大小。

为了获得高温性能和抗热震性能都好的高铝质、刚玉质耐火材料，应做到以下几点：

(1) 优化组织结构，特别是涉及结合基质的组织特性；

(2) 采用黏土进行结合时，只有那些随骨料颗粒生长的莫来石针状晶体、而几乎不形成玻璃相的结合基质时，才能具有足够高的抗热震性，同时也可得到良好的高温性能；

(3) 当以 $\alpha\text{-}Al_2O_3$ 通过再结晶进行结合时，要使用高纯度、易烧结的细颗粒氧化铝才能生产高温性能和抗热震性能都好的刚玉质耐火材料；当通过添加微粉材料形成 $\alpha\text{-}Al_2O_3$ 再结晶结合，并在有利的技术经济条件下获得优良的刚玉质耐火材料时，此时只需 1600℃或更低一些的温度即可烧成。

为此，在生产中应考虑下述环节：

(1) 采用优质含有黏土矿物的天然原料结合时，其中一部分原料应以泥浆形式加入；

(2) 在 1700℃以上烧成时，可使用细刚玉粉或轻烧工业氧化铝，使 $\alpha\text{-}Al_2O_3$ 再结晶来实现结合基质的形成；

(3) 在烧成温度大大低于 1700℃时，可使用有添加剂的轻烧工业氧化铝材料来实现 $\alpha\text{-}Al_2O_3$ 再结晶的结合基质的形成。

此外，选用预合成的结合基质组分制造耐火材料，可以进一步提高材料的抗侵蚀性能。

例 4-2 MgO-C 砖的设计及其性能控制。

MgO-C 砖是以 MgO 和石墨为主要成分构成的非氧化物-氧化物系复合耐火材料，它们综合了两者的优点并克服了各自的缺点，因而具有优异的性能。这样，使长期在氧化物领域中得不到解决的问题，通过采用碳与氧化物复合便一举解决了。

虽然碳与 MgO 等氧化物复合，可防止熔渣浸透而且具有耐蚀性能高的优点，但关于颗粒间结合作用，抑制或隔开颗粒间结合能，降低弹性率，具有抗热震性。

现在的 MgO-C 砖在制造时其粒度构成却是以原来镁砖为基本型的（见图 4-23），因而在制造时明显地受到传统镁砖制造工艺的制约。

图 4-23 表明，这种 MgO-C 砖的骨料颗粒为镁砂，基质则是由镁砂细粉+石墨混合料组成。图 4-24 示出的是高耐用性的全碳基质 MgO-C 砖的典型显微结构，表明骨料颗粒为镁砂，而基质完全由石墨构成（不含镁砂细粉）。使用结果得出：全碳基质 MgO-C 砖在某些应用环境中具有更高的耐用性能，见表 4-3。这就

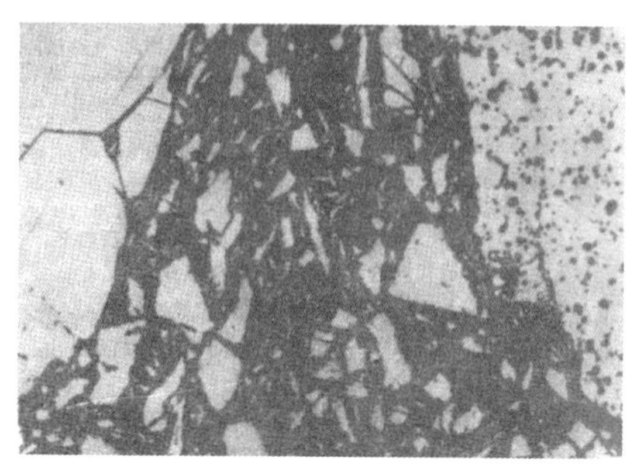

图 4-23　现行 MgO-C 砖显微结构
（基质由镁砂+石墨混合料组成）

说明，对于 MgO-C 砖来说，其粒度构成本身并不十分重要，而镁砂和石墨特性及其相对比例，以及镁砂颗粒的临界尺寸则是决定 MgO-C 砖性能的关键。

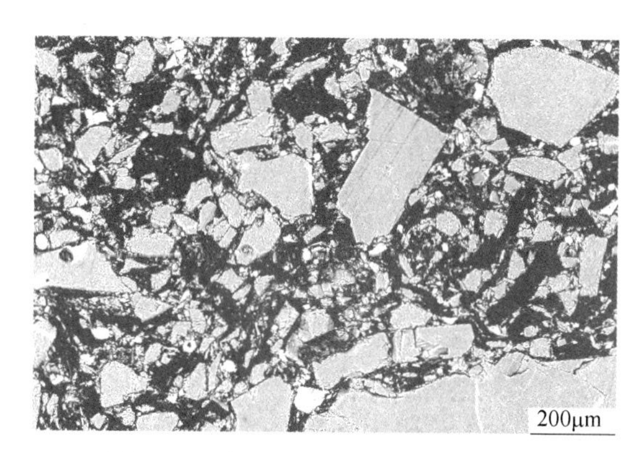

图 4-24　全碳基质 MgO-C 砖显微结构
（基质全部由石墨组成）

表 4-3　两种 MgO-C 砖的性能及其使用结果

项目	$w(MgO)/\%$	$w(C)/\%$	体积密度 $/g \cdot cm^{-3}$	显气孔率 /%	常温耐压强度 /MPa	炉龄/炉
DMT-18A	75.7	17.7	3.01	3.0	44.9	337
DMT-20/T	73.3	19.2	2.97	3.4	28.6	573

注：DMT-18A 为传统 MgO-C 砖，DMT-20/T 为全碳基质 MgO-C 砖；两者分别在某钢厂 50t 电炉使用，后者的使用寿命比前者高 18%以上。

MgO-C 砖在不同使用条件下的蚀损机理是不同的。例如，炼钢炉中的 MgO-C 质炉衬在特定的局部区域所受到的蚀损因素的综合作用会导致这些部位的超前损毁而成为停炉的原因。因此，控制局部损毁以最终能经得住这些使用条件是提高炉龄的根本措施。

对于 MgO-C 砖的抗热震性能，认为是由下列因素决定的：

（1）与氧化物系耐火材料相比，它具有热导率高和热容高的特点，因而使 MgO-C 质耐火材料能迅速吸收大量热能；

（2）在鳞片状石墨内层之间存在着小的孔隙，它们在应力作用下能反复开闭，起到了减缓热应力的作用。

因此，MgO-C 质耐火材料在使用过程中，通常不会产生剥落损毁。只有在下述情况下才会导致其断裂：

（1）传统 MgO-C 砖中碳含量（质量分数）小于 5%；

（2）突然加热，其升温速度超过 MgO-C 砖所能承受的限度；

（3）停炉一段时间后重新启动时升温速度过快。

在第（1）种的情况下，虽然碳含量（质量分数）小于 5%的传统 MgO-C 砖的强度较高，但经过碳化处理后的剩余强度较低；较低的剩余强度意味着较低的抗热震性能。

在第（2）种的情况下，由于结合剂是在超过其正常碳化温度下碳化的，所以 MgO-C 砖表面的热膨胀将导致其表层处于压应力的作用，而后面的层带则处于张应力的作用。如果 MgO-C 砖的抗拉强度比施加的热应力低时，张力层将会发生断裂。

在第（3）种的情况下，由于碳化处理使 MgO-C 砖的气孔率大大增加，从而降低了它们的热传导率和强度。这将提高碳化处理过的 MgO-C 砖对热震破坏的灵敏度，热震灵敏度与热震引起材料中的裂纹有关。裂纹在材料中的扩展是由断裂功计量的，而断裂功与强度有关。

经过碳化处理的 MgO-C 砖比未处理的 MgO-C 砖发生断裂的可能性更大，其原因是：

（1）未经碳化处理的 MgO-C 砖的强度较高，较之不易开裂。

（2）未经碳化处理的 MgO-C 砖，由于吸热而导致结合剂碳化而减轻了热震强度。作为结合剂的沥青或者树脂首先被加热时，含碳物质分解，随着挥发物的挥发产生了碳化物。也就是在 MgO-C 砖表面快速加热时，使邻近表面处的结合剂迅速碳化，由于碳化反应是吸热反应，所以热震强度由于结合剂的吸热而有效地降低了。

以上述讨论为依据，即可进行 MgO-C 砖的材质设计。

4.3　耐火材料的材质设计

4.3.1　耐火材料的研究方法

对耐火材料的开发，人们曾尝试了各种研究方法，最有效的一种方法是众所周知的传统方法：从炉体上拆下用过的耐火材料以研究其蚀损机理。自从由莱查特利（Lechatelier）开展的第一项平炉硅砖炉顶工作以及由 J. H.切斯特斯（Chesters）撰写著名的用图形评定的“用后研究”以来，这种研究方法对耐火材料技术取得进步方面起到了极其重要的作用。例如，对焦油结合白云石砖蚀损机理的研究，以及将 SiC 砖应用于高炉炉身内衬的研究都是如此。

另一种方法是对窑炉操作条件和耐火材料特性之间关系的研究。表 4-4 列出了转炉炼钢初期的 LD-转炉操作条件对炉衬寿命的影响。在积累若干年的有关操作条件影响炉衬寿命知识的情况下，通过有效控制窑炉操作条件即可为提高炉衬

表 4-4　炼钢条件对转炉炉衬寿命的影响

影响因素		对寿命的影响	实例及评述
生铁	[Si]	–	高 [Si] 铁增加一倍的砖消耗量
	[Mn]	+	
	[Ti]	–	0.05～0.20%Ti 无影响
	铁水比率	–	–0.4 炉次/+10%铁水（日本八幡厂）
炉渣和原材料	炉渣中全 Fe	–	–18.6 炉次/+1%Fe（日本八幡厂）
	碱度（CaO/SiO_2）	+	
	CaF_2	–	
	MgO	+	
	Al_2O_3	–	
	硅铁加入量	–	
	石灰加入量	+	
操作	终点温度	–	–68 炉次/+100℃（日本八幡厂）
	鼓风时间	–	–29 炉次/+10min（日本八幡厂）
	生产率/炉次 · d^{-1}	+	
	渣量	–	
	气氛（CO/CO_2）	–	
	添加石灰滞后	–	
安装	炉容	–	
	锥角	–	
	氧枪	多孔喷嘴延长寿命	

寿命提供有益的指导。如今以耐火材料为基础的窑炉操作管理并不罕见。由提高炉渣中 MgO 含量对转炉进行“炉渣控制”的原始概念，就起源于对转炉炉衬寿命和炉渣化学成分之间的关系的研究。

关于耐火材料的试验已有许多种新的方法出现，最典型的一种是采用高温 X 衍射和电子探针显微分析等分析技术。许多种以蚀损机理为基础的模拟实验也为高炉含碱蒸汽试验、热风炉的高温蠕变试验和碱性炼钢炉在荷重下的渣侵蚀试验等做出了很大贡献，而且对设计窑炉砌砖结构和炉衬也都是很有用的。

现在，由于非氧化物与氧化物复合耐火材料（简称复合耐火材料）的发展，过去对氧化物系耐火材料的研究方法已经不完全适用于复合耐火材料了，所以需要有新的研究方法与之相适应，以减少实验工作量。因此，深入探究复合理论和应用机理都是完全必要的。

截至目前，材料学家已做了大量的研究工作，并公布了许多新颖的研究方法。

（1）利用热力学参数状态图确定在不同气氛下各化合物的稳定相区，充分保证氧化物与非氧化物复合的热力学可行性。如 β′-Sialon 是 Al_2O_3 · AlN 在 Si_3N_4 中的固溶体，说明这种材料必须在氮气下合成。

（2）利用统计模式识别优化工艺参数并预测新工艺条件，图 4-25 示出的热力学参数状态图可供读者参考。

（3）利用非线性物理学中的分形理论来研究材料的抗氧化侵蚀机理。

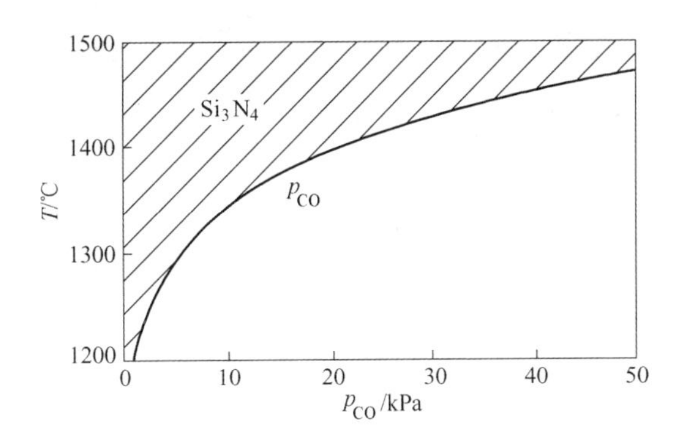

图 4-25 热力学参数状态图

任何材料受到气、液侵蚀后，总是伴随有界面变化，由平直变成凹凸不平，构成类似海岸线图形。如图 4-26 所示，以 O′-Sialon-ZrO_2 为例进行类海岸线分析，求出分形维数随侵蚀时间的变化，进而可以描述其抗侵蚀机理：初期为界面化学反应控速（0～0.15h）；中期为界面化学反应与内扩散混合控速（0.15～0.4h）；之后为内扩散控速（>0.4h）。图 4-27 和图 4-28 所示为 MgO-C 砖的渣侵蚀结构和电熔 MgO 砖的渣侵蚀结构。

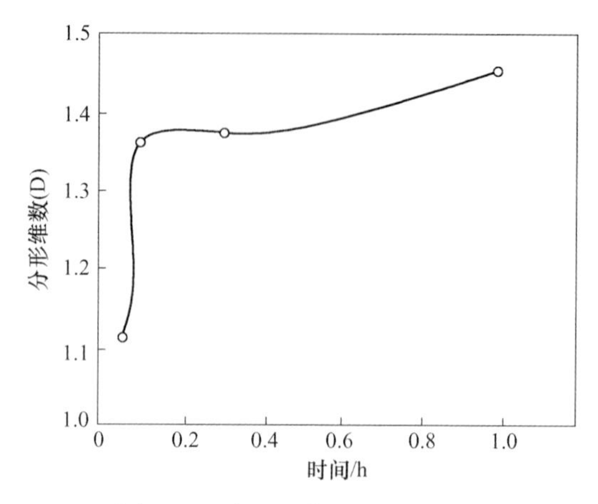

图 4-26　分形维数与时间关系图

图 4-27　MgO-C 砖的渣侵蚀结构

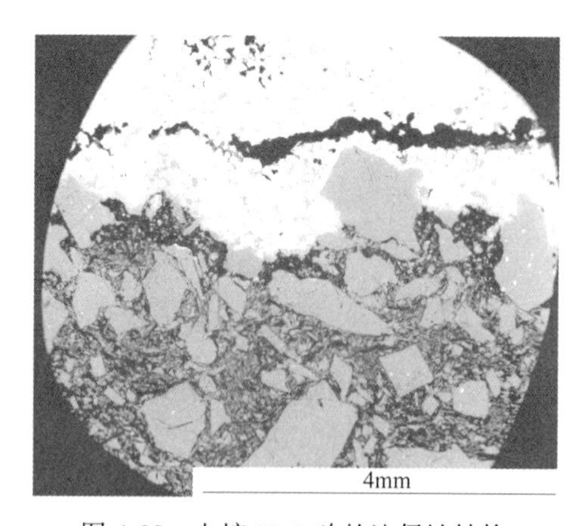

图 4-28　电熔 MgO 砖的渣侵蚀结构

必须强调的是，有许多研究方法有待探索，即使从材料技术的观点看，未来各种各样的耐火材料将会不断出现。

4.3.2 耐火材料的设计依据和设计程序

对于每一种耐火材料的应用，其质量都经历了频繁的发展来满足操作条件以达到更严格的程度，因而耐火材料的质量正向着更耐蚀损的方向发展。例如，碱性耐火砖正变得更致密，化学成分更纯，而且结构更完善。在钢铁厂某些炉体上耐火材料质量的典型变化见表4-5。由此可以看出，这些质量变化自然影响到原材料质量和耐火材料制造技术。

表4-5 耐火材料的典型变化

年份	1950年 1960年 1970年 1980年 1990年 至今
热风炉（高温带）	←耐火黏土砖→
	←高铝砖→
	←硅砖→
转炉	←稳定白云石砖→
	白云石砖
	←焦油白云石砖→
	←烧成镁白云石砖→
	←高纯烧成镁白云石砖→
	←MgO-C砖→
钢包	←Roseki→
	←致密硅质砖→
	←锆砖→
	←整体/半锆砖→
	←整体/Al_2O_3-MgO砖→

耐火材料的设计依据：一是用户提出的新用途；二是正在使用之中，但要重新设计更好的材质。对于新用途，要与用户详细了解使用条件，分析预想中的损毁因素；针对这些情况，根据以往的经验和基础数据进行设计。对于耐火材料，即使能够推测出损毁因素；但有时也不能完全满足使用条件，所以常常留下要改善的因素，以便从中设计合适的材质。设计结束后，接着就要做进一步的试验研

究。对于试制的试样，要尽量进行模拟的评价试验。如果在评价上有问题，再提出改进方案，重新进行设计；如果取得了满意的结果即可投入实际使用。对使用的耐火材料要进行调查，研究损毁因素和损毁机理，以作为下次设计的基础。

从使用条件到设计、使用、改进的一系列流程，如图 4-29 所示。普通耐火制品也要有同样的周期，反复进行设计、使用、改进。另外，耐火材料很少单块砖使用，而是作为结构整体使用，故需要对结构整体进行评价。可见，单块砖的质量固然重要，但单块砖的形状、结构体的设计也都很重要。

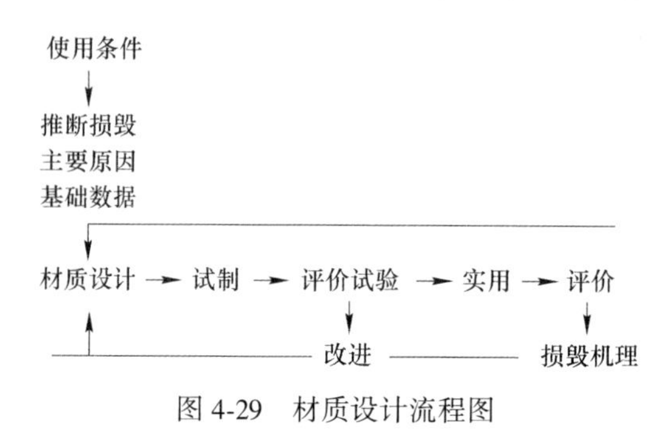

图 4-29　材质设计流程图

4.3.3　耐火材料的设计重点

在设计耐火材料方面，有各种各样的想法，有的以原料为基础，有的从结晶学、矿物学上考虑，有的从耐火材料的物理、化学性能方面考虑，等等。前面介绍的损毁因素、基本理论及部分对策等都是材质设计的基础。

耐火材料是由“基础材料-结合部分-气孔”构成的，把何种物料用作基础材料的原料是基本问题。更重要的是使用这些原料，如何制成具有符合使用目的、特性的组织体。一般来说，结合部分的组织中玻璃相很少、组成均质、结构致密，才可取得良好的结果，但仅致密并不能使耐火材料的所有特性都好。

在材质设计方面，是以原料为重点还是以组织为重点，意见不一致，原料、组织需要考虑所有条件后才能进行设计。

耐火材料是以钢铁工业为主要用户，以水泥、玻璃工业为中心而发展起来的。仅从钢铁冶炼来看，其中就有各种熔炼炉，如精炼炉、输送炉、加热炉等，它们各自的炉容、处理温度、处理时间、炉渣种类等都是不同的。即使在同一个炉子内，不同部位的使用条件也可能不是一样的，所以需要根据不同的炉子、不同的部位设计材质，最严格的条件是耐蚀性和耐急冷急热性（温度变化，即耐剥落性）。即便是水泥窑，位置不同，温度自然也不一样，而烧块的附着脱落引起的温度变化也不相同，其磨损条件也是不一样的，因此需要根据各个区带设计材质。下面以高炉和转炉用耐火材料的发展过程来说明耐火材料的实际设计过程。

4.3.3.1 高炉用耐火材料的发展

高炉炉身下部的损毁决定着炉子的寿命而受到重视，其损毁机理研究的历史很早。从1923年起，占支配地位的理论是由一氧化碳分解碳沉积在耐火材料结构内而导致崩坏。有人认为碳的沉积是砖中以氧化铁为催化剂而生成的。因此，一般应尽可能降低砖中氧化铁含量，同时使用高密度、低气孔率的致密黏土砖。但是，从高炉内衬的许多实际情况来看，这种耐火砖对防止炉身下部的损毁并未见到显著的效果。所以在40多年前，建设大型高炉时，对于这一机理再次进行了热烈讨论。根据调查分析耐火材料用后的情况和实验室的研究结果得出：其损毁原因与其说是碳的沉积不如说是与在高炉内循环碱性蒸汽发生反应所致。据此，开发了耐碱性好的 $w(Al_2O_3)$ 为95%~98%的高纯度、高密度的氧化铝砖。虽然这种耐火砖有一定的效果，但由于其线膨胀系数和弹性率高，而会产生裂纹损坏，所以并没有彻底解决问题。后来研制并使用了抗碱性蒸汽性能高的、冷却效果好的高热传导性碳化硅砖，才使问题得到解决。

图4-30示出了几种耐火砖在碱性蒸汽气氛中测定的热态抗折强度。图中表明：黏土质<高铝质<氧化铝质<碳化硅质的热态抗折强度，特别是自结合的以及氮化硅结合的碳化硅砖更优越，因为它们在碱性蒸汽气氛中测定的热态抗折强度降低较小。由于碳化硅砖的应用，多年研究的炉身抗侵蚀措施也有了很大进展，高炉寿命就延长了。表4-6比较了几种高炉用耐火砖性能，也表明碳化硅砖具有适应高炉操作条件的优异性能。

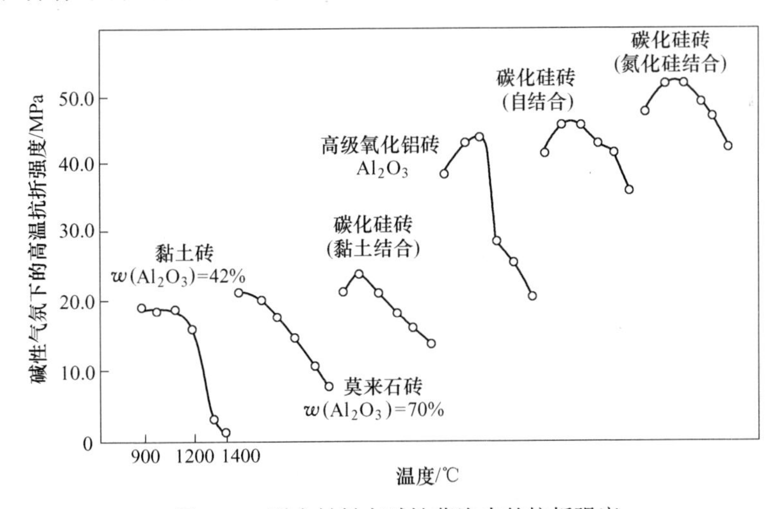

图4-30 耐火材料在碱性蒸汽中的抗折强度

碳化硅砖的结构和以往耐火材料不同，如图4-31所示。由于气孔变得细微，抗铁水渗透性好，再加上线膨胀系数小，不但在炉身下部而且在炉底或炉缸部位也能适用。几种高炉用耐火砖的热导率的比较如图4-32所示。

表 4-6　高炉耐火砖性能的比较

项　目		SiC 砖	石墨-SiC 砖	碳砖	高铝砖	黏土砖
热稳定性		●	●	○	△	×
冷却效果		○	●	○	△	×
耐碱性		●	△	△	○	×
抗铁水渗透性		●	●	×	○	△
耐侵蚀性	FeO	○	○	△	△	△
	CaO	○	●	●	○	△
耐磨性		●	△	△	●	△
抗氧化性		○	△	×	●	●

注：●—优；○—良；△—一般；×—劣。

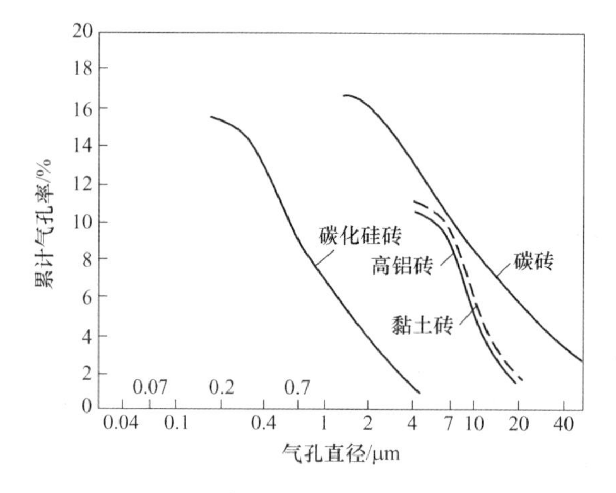

图 4-31　高炉耐火砖的气孔直径分布

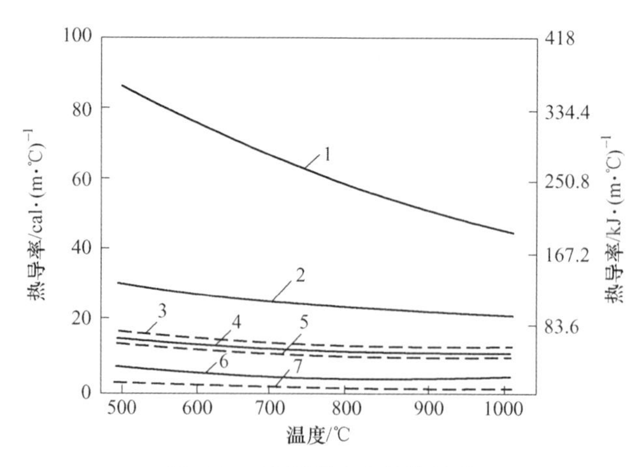

图 4-32　高炉耐火砖的热导率

1—石墨砖；2—半石墨砖；3—石墨-SiC 砖；4—SiC 砖；5—硅砖；6—高铝砖；7—黏土砖

在高炉用碳砖方面，为了提高碳砖的抗铁水和炉渣的渗透性能，开发了具有多微孔性碳砖和超微孔性碳砖。因为铁水渗透的气孔直径约为1μm，而多微孔性碳砖中气孔直径大于1μm的体积不大于总气孔体积的3%，因而应用多微孔性碳砖和超微孔性碳砖具有很高的抗铁水渗透能力而使高炉寿命进一步提高（获得长寿高炉）。

4.3.3.2 转炉用耐火材料的演变

为了选择最有利的氧气转炉工作衬用耐火材料的种类，主要是准确了解侵蚀机理与耐火材料最主要性能之间的关系，及它们的长处与弱点。图4-33示出了转炉用耐火材料的演变。

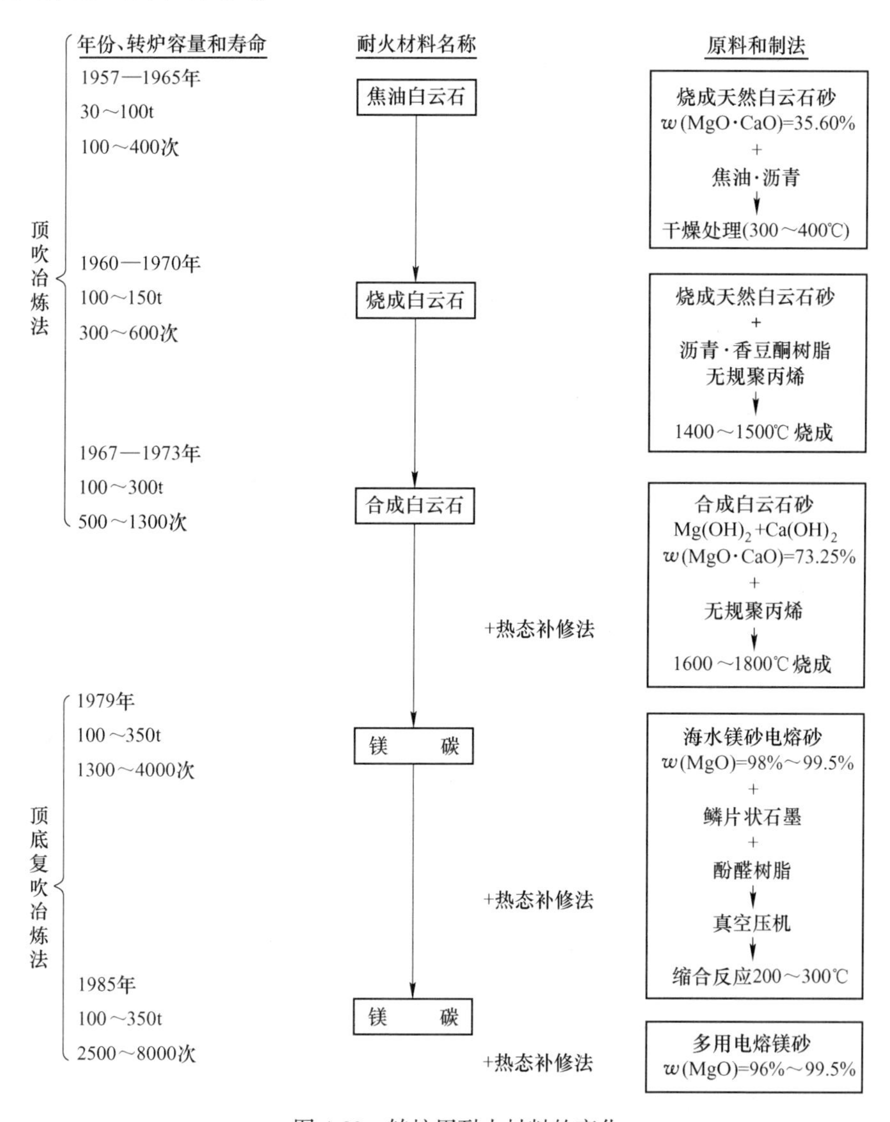

图4-33 转炉用耐火材料的变化

图 4-34 所示的是在转炉渣的情况下，渣中 MgO 的溶解度对三种转炉衬砖蚀损深度的影响，表明 MgO-C 砖的抗侵蚀能力最大。

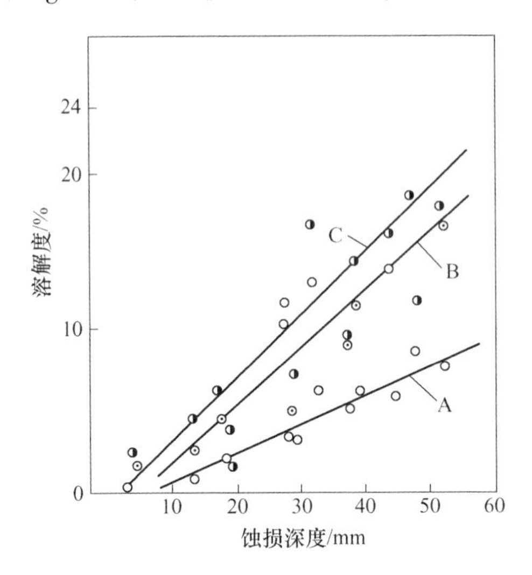

图 4-34　MgO 的溶解度对三种镁砖（A、B、C）蚀损深度的影响（Y 为相关系数）

$Y_A = 0.17x - 1.08(Y = 0.93)$；$Y_B = 0.35x - 1.86(Y = 0.90)$；$Y_C = 0.38x - 0.41(Y = 0.83)$

图 4-34 同时说明，要提高转炉衬的使用寿命，除了材质之外，操作制度（特别是炉渣控制）也是重要条件。

就材质而论，根据转炉的使用条件，工作衬最重要的性能是对热应力和机械应力的抵抗性、抗不连续高温侵蚀性、抗氧化性和抗熔渣连续侵蚀性。

氧气转炉工作衬用耐火材料的种类和发展过程表明，氧气转炉工作衬用耐火材料是向着高 MgO 和高碳含量（MgO-C 砖）的方向发展的。

由于转炉衬不同部位的蚀损速度不同，所以在实际使用时，不仅要考虑内衬材料的耐蚀性能，而且还要考虑抗钢液冲刷性和抗热震性。因而需要选用多种类型 MgO-C 砖对转炉工作衬进行综合砌筑才能达到均衡侵蚀、提高转炉寿命的目的。

5 耐火材料的制造技术

由于耐火材料制造技术的革新，丰富了耐火材料的种类和数量，例如，现在转炉炉衬可以避免过去由于制砖困难而经常使用具有各种缺陷的双层衬体。现代制砖技术已经可以生产尺寸为 900mm×150mm、1000mm×150mm、1100mm×150mm 以上的砖。此外，采用有机结合剂（树脂）加上高压成型技术生产制造不烧成砖起到了一定的促进作用。

5.1 烧成耐火制品的制造

对于烧成砖而言，通常将原料经过破碎、细磨（部分）、分级、配料、混合、成型、干燥和烧成等工序而制得。与烧成砖相比，不烧成砖仅少了烧成工序。

5.1.1 耐火混合料的混练

为了生产耐火制品，需要对原料颗粒进行配料、混练（加结合剂）制成泥料。对于配料、混练工艺来说，原料颗粒范围为从几微米到约 10mm（在个别情况下可能超过 10mm 甚至更大）的不同粒度。

配料的目的是按混练工序必需的配料比加原料和结合剂，准确地进行配置。

混练的目的是生产出一种均匀的混合料（泥料），以便生产出相应的耐火砖种。根据工艺流程，混练结束尚需进行后处理。

5.1.1.1 耐火混合料组分

氧化物系耐火材料在生产中的配料，通常都按粗、中、细等多级颗粒进行配置，其比例应满足最紧密堆积原理或者特定的使用要求。

以 MgO-C 砖为例，它最初的配方主要由电熔镁砂或明确规定粒度的镁砂、结合剂、金属或非金属添加剂及不同数量石墨组成。其中，基质的加入量应保证加工和压制过程中镁砂粗颗粒不被损坏。尽管如此，在粒度构成上它仍是将原来的镁砖作为基本型的。然而，自从开发了全碳基质 MgO-C 砖之后，便揭示出在粒度组成上原先将镁砖作为基本型的配方不一定能获得最佳组织结构的 MgO-C 砖。

A　耐火混合料的组成

耐火混合料的制备可利用以下因素进行控制，即耐火混合料中的粗颗粒、中颗粒、细粉混合料中各颗粒段含量，应根据对耐火制品性能要求选择具有不同的分布特征的含量，公式如下：

$$Y = (D/D_{max})^n \tag{5-1}$$

式中，Y 为颗粒尺寸小于 D 的含量；D_{max} 为最大颗粒尺寸；n 为常数（$n=3\sim10$）。

B　结合剂的种类

结合剂的种类如下：

(1) 粉末结合剂；

(2) 水；

(3) 无机液体结合剂；

(4) 有机液体结合剂；

(5) 熔融结合剂，如沥青、焦油、酚醛树脂、石蜡等。

液体结合剂或添加剂的形式为：酸、盐溶液、分散体、悬浮液、胶溶液，从低黏度至高黏度的树脂。

5.1.1.2　耐火材料的混练方式

耐火材料的混练方式如下：

(1) 颗粒和粉末组分的干混练料，如注射成型的混合料、干火泥等，有时也加一些纤维组分，如金属、陶瓷、碳或可塑纤维等；

(2) 添加黏土结合料的颗粒料进行湿混练，如捣打料、半干法成型混合料；

(3) 基于黏土和熟料的混合料要进行增塑；

(4) 颗粒混合料的湿混要加水或结合剂溶液，如磷酸、磷酸盐、硫酸盐、石灰乳、亚硫酸盐废液或盐溶液；

(5) 含有颗粒状石墨混合料要加粉状树脂、沥青-焦油、石蜡、电极糊、液体树脂或熔化树脂进行冷混、暖混或热混；

(6) MgO-CaO 等粒状混合料要加石蜡进行暖混或热混；

(7) 耐火隔热料要加萘进行热混；

(8) 基于白云石、镁砂、碳化硅粒状混合料，要加焦油或融熔沥青和石墨进行热混；

(9) 黏土结合的可塑混合料要加蒸汽进行热混；

(10) 基于石油焦或沥青焦的碳质料要加沥青结合剂进行热混；

(11) 干法成型混合料和等静压混合料经造粒混合，例如石墨、易破碎的熔融料、窑具及连铸用的耐火制品等；

(12) 在黏土或高岭土中，加氧化铝粉或铝矾土粉生产莫来石熟料时，需进行均化或共同细磨；

（13）为生产耐火纤维或熔铸砖，需进行均化或共同细磨，并将细磨原料进行熔化混合；

（14）预破碎黏土混合料的混合和增塑要加水和熟料及其他干料，以生产浇注型耐火材料。

5.1.1.3 热混合料的制备

加工程序的第一个最重要的步骤是配料中各种组分的混合，现以制备 MgO-C 质耐火混合料为例说明。

对于 MgO-C 质的耐火混合料，混合时可在事先连接好的加热桶内、振动输送机上或中空的螺旋式热交换器内预热颗粒料。

在低温时，可在加热的料仓内预热（即利用热油管路系统加热）颗粒料。碳组分，例如石油焦或类似物质可用电阻加热器预热。

电加热系统的优点是加热时间短（加热到 180℃仅 15min），实际工作时不磨损，效率高等。

混练机加热可用电、热空气、煤气加热或靠混练、摩擦的热动力加热。根据原料比热容情况，升温速度为 2～4℃/min，如图 5-1 所示。

5.1.1.4 混练强度

混练强度是指混练时间所要求的有效能量输入。

对于混练从细颗粒到粗颗粒的干混合料来说，估计为 2～3kW/kg，而混合湿混合料取决于结合剂成分的可塑性，要求能量应为 3～8kW/kg。

捏合和混合可塑料或假可塑料，能量值可在 4～15kW/kg 之间波动。

从图 5-1 中看出：不同的耐火混合料所要求的能量也是不相同的。判断混合料质量可使用下述标准：

（1）某种混合料成分的分布情况，是经测定颗粒度的分布或试样的化学成分或所加指示剂的分布情况进行确定；

（2）对试样要求的一种或几种质量特性指标有密度、可加工性、加压特性及加压或烧成制品的密度。

5.1.1.5 对混练机的要求

对于混练机的设计，重要的是在制备相同或类似的混合料时，要考虑能量要求系统密度是否不变；或者制备的混合料的密度和能量要求有变化。其结果是需修订混练强度、混练时间、混练料量；而变料时需要在改变为另一种配料方案之前清洗混练机。

每批料的质量可由每小时的生产量和所要求的混练时间来决定，或者由操作条件。例如，由配料或输送设备的能力来决定，而不考虑现有配料或输送设备的实际小时产量。

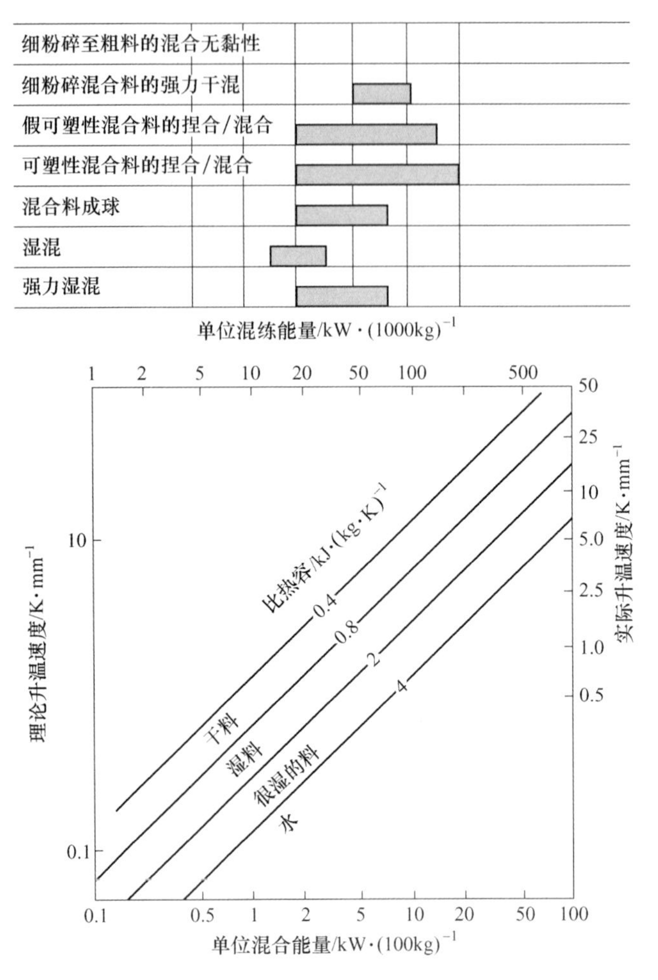

图 5-1　升温速度与相应比热容混合料的能耗和温度的关系

混合料要求的总混练时间主要包括喂料时间、混练时间和出料时间。在某些情况下，混练时间需要进一步分为干混练时间，湿混练时间，再加上添加某些成分的时间。

混练机元件的设计和类型的重点，例如混练机叶片、混练棒、转子和搅拌部件等都需要考虑。混练时间和有特殊的混练效果（如捏合、压密、松压、成球、打碎结块、轻度和强力干混和湿混），可用可变极的电机或机械控制齿轮改变混练机元件的旋转速度，也可靠改变三角皮带传送速度和使用频率变换器加以实现。

关于混练机的设计，要考虑它是在常温下还是在加热下进行混练。如果在加热下进行混练，必须与在 50～100℃ 范围内的温度混合和在 100～200℃ 范围内的混合加以区别。

另外，当混练硬的或极硬的颗粒级混合料时，应有维修设备和易更换的磨损部件。

鉴于改变混练方案时要清洗混练机，可以用提升混练元件的工具和采用高压冲洗（进行强力湿法渣洗）。

高级耐火原料使用的增加，例如刚玉、锆英石和其他高硬度原料均对混练机的耐磨性提出了高要求。

添加石墨和人造树脂结合剂的混合料需要有高的混练强度。

在处理一种成分含30%片状石墨、沥青和合成树脂作为结合剂时，具有高速搅拌器和旋转盘的传统混练机由于下列原因不能取得最佳效果：

（1）密度比镁砂小的石墨趋向于浮在混合料的顶部，不能完全与配方中其他组分接触；

（2）旋转盘的离心力在某种程度上使个别组分偏析；

（3）使用高速搅拌器时会导致晶体结构及粗晶层片状石墨的立体体积部分遭到破坏，因而会妨碍制品中连续石墨基质的形成；

（4）由于混合料强有力的涡流，单个颗粒产生的松散作用，会对镁砂颗粒周围的结合剂成分分布有不良的影响，结果则导致石墨对镁砂的黏结产生不良影响；

（5）短时间强力混合的另一缺点是带入气体，会导致脱气问题产生并降低成型阶段的生产率。

5.1.2 输送与给料

耐火材料工业发展的历史表明，在生产耐火砖用压砖机技术的最初时期，几乎没有人认识到输送与给料系统的重要性。压制砖的任何缺点，如尺寸公差不适当，不合适的密度梯度曲线或显微结构的立体缺陷等都会导致降低和不均匀侵蚀问题，均归因于压砖机性能不适宜。这说明，最佳输送与给料系统是十分必要的，因为：

（1）在给料时每一种组分不能偏析；

（2）沿给料方向，砖坯均匀致密度；

（3）防止二次结团；

（4）防止昂贵物料损失；

（5）要具有平稳，规则且可再现的流速；

（6）不粘盛料容器的壁；

（7）易于清理。

于是认识到，如果混合好的料由混练机运到料斗，再由料斗运到压砖机模的料口的整个过程如果混合料产生偏析，那么混合极均匀的料也没有用。现在，为了生产高质量的 MgO-C 砖，因而应设计特殊加料系统，它能够使压砖机模装料口处的加料不偏析。图 5-2 以图解的方式示出了该系统的原理。

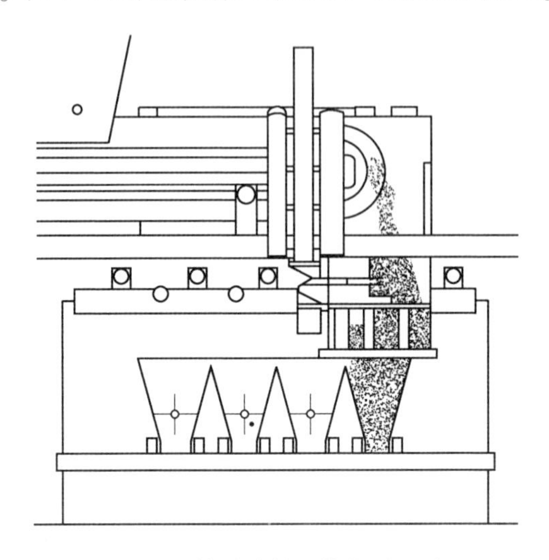

图 5-2　特殊给料系统的原理图

图 5-2 所示综合加料系统的主要部件有：

(1) 加热物料的料斗；

(2) 可以水平移动的皮带运输机系统；

(3) 加热的、整体化的中间混料机；

(4) 加料箱。

给料系统的操作顺序和工作原理，是将混料机混好的料倒入加热料斗中，位于料斗下方的可移动式皮带运输机系统与中间加热混料机配套。

中间加热混料机以机械方式与皮带运输机系统配套，中间加热混料机的运动与运输机系统的所有运动同步。实际加料箱安装在中间加热混料机的下面，在向压砖模给料期间，加料箱按直角水平移动到中间加热混料机。

给料操作特点、影响给料的重要操作及其结构参数要求如下：

(1) 皮带运输机本身的速度；

(2) 配套皮带运输机-中间混料机的速度；

(3) 中间混料机混料装置的几何结构、几何布置和角动量；

(4) 加料箱的形状与规格。

根据经验确定这些参数的最佳值与几何结构就能保证向压砖机中无偏析给料。

从理论上说，对不同尺寸耐火砖的最佳出料口使用单独加料是理想的。然而，采用特殊的加料技术，例如振动加料时，其指定加料箱的使用范围可以达到一定程度的满意，如图 5-2 所示。

类似于使加料箱的出料口与砖模的开口适应，故必须使中间混料机的出料口适应于加料箱。通过在中间混料机上装有可以更换的出口模板便可做到这一点。

制品的质量在很大程度上取决于给压砖机均匀、无偏析地给料，而对压砖机无偏析给料则依赖于新型给料系统。

理想的给料系统应该是：一个压砖周期所需的料量可以在压砖机附近的某种小型混料机现场混合，然后直接加入到砖模的加料口，这样就避免了所有的中间运输与计量。然而，现在与这种理想系统还有很大距离，因而这是今后研究的课题。

5.1.3 耐火制品成型方法和成型制度

半干耐火泥料的成型按照对泥料施加作用力的特性可以是静压的、冲压的和振动的，而按照对泥料施加力的方法可以是单面的、双面的和液体静压的（均压的）。根据砖模结构，可以在固定式的或者浮动式的砖模中并采用活动芯子等进行成型。当生产耐火砖主要用静压加压的成型方法时，要求压砖机具有很高的压力及相应的成型制度。工业上大多数使用的压砖机都是双面加压成型，这相当于为了减小制品厚度方向上的密度差而将制品厚度缩减了一半，或者使两个压模相对运动，或是在浮动式砖模中使一个压模运动以实现双面加压成型。采用浮动式砖模能简化压砖机结构，同时如能正确选择支撑弹簧或者支持缸内压力，就能在整个成型期间使上面的和下部的成型压力保持均衡。单面成型是在生产制品厚度与其水平半径之比较小（$H/R_r \leqslant 2\sim3$）的情况下采用。

成型环形断面制品时，要使用活动芯子，芯子与上冲头一起移动并借助摩擦力带动泥料，从而使制品下部能更加致密。对砖模和芯子涂油会影响密度分布。如果砖模涂油，而芯子不涂油，会导致大部分泥料带入砖模的下部，而上部的密度较低。在同时移动砖模和芯子时，则会造成单面成型的结果，使制品下部比较致密。在采用活动式砖模和固定的芯子，以及采用活动芯子和固定式砖模时密度分布都比较好。

5.1.3.1 耐火泥料的成型曲线

设计和使用半干法成型的新型压砖机时，必须了解泥料的压缩量、压缩系数、气孔率和显密度与单位成型压力之间的关系。

以前有人曾经提出过许多确定泥料压缩量和其他指标与成型压力之间的关系式，但大部分都存在使用上的困难。因为未包括装料的显密度值，或者未揭示方程式渐近线的物理意义。因此，B. B. 威尔尼卡夫斯基等提出了新的方程式，不仅通俗易懂，而且克服了上面所提到的缺点。

半干耐火泥料为三相系，即由固相、液相和气相组成。被压制泥料和砖坯内三相之间的数量关系中，湿坯的显密度（δ）可用式（5-2）确定：

$$\delta = (100 - P_a)\delta_s\delta_l / [(100 - W_0)\delta_l + W_0\delta_s] \tag{5-2}$$

式中，δ_s、δ_l 分别为固体和液体的显密度；W_0 为泥料的相对密度；P_a 为湿坯的气孔率,%。

在压制时，泥料中固体和液体成分实际上是常数。被压制泥料容积的减小，主要是排除、压缩气相及一些气相溶解到液相中。因此，砖坯显密度增加，气孔率必然减少。在极限的情况下 $P_a = 0$，三相系统变为两相系统，这时极限显密度（δ_∞）用式（5-3）表示：

$$\delta_\infty = 100\delta_s\delta_l / [(100 - W_0)\delta_l + W_0\delta_s] \tag{5-3}$$

压制原始方程式满足：

$$\delta = \delta_0 + (\delta_\infty - \delta_0)[1 - \exp(-ap^n)] \tag{5-4}$$

或者

$$\delta = \delta_\infty - (\delta_\infty - \delta_0)\exp(-ap^n) \tag{5-5}$$

式中，a，n 为方程式参数；p 为单位成型压力，MPa。

由此可见，当 $p = 0$ 时 $\delta = \delta_0$ 和 $p = \infty$ 时 $\delta = \delta_\infty$，表明式（5-4）和式（5-5）都满足极限条件。因为方程式中含有砖坯显密度的平均值，所以不论砖坯的形状如何，都可以采用上述方程式来计算压制过程。但应指出，参数 a 和 n 值根据砖坯的形状可能有明显变化，这在重复荷重的情况下利用该方程式时将会出现。图 5-3 示出了压制曲线的极限条件。

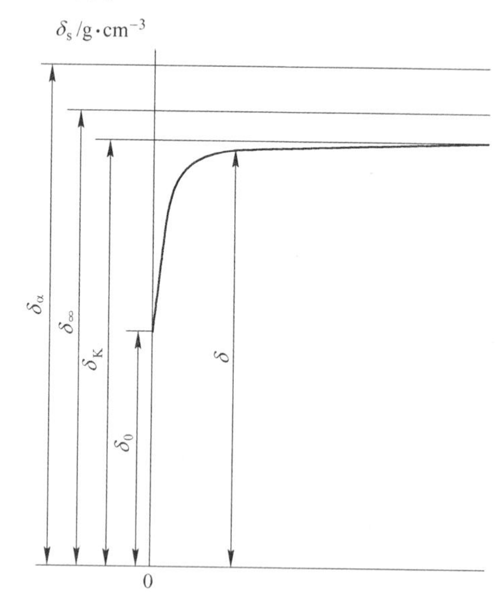

图 5-3 压制曲线的极限条件

为了求得砖坯高度（h）、压缩系数（k_c）和压缩量（ΔL）与单位成型压力（p）的关系，基础方程式（5-5）是可以改变的。垂直于压制方向的形状截面是常数时，方程式是正确的，公式如下：

$$\delta/\delta_\infty = h_\infty/h \tag{5-6}$$

此时：

$$1/h = 1/h_\infty - [(1/h_\infty) - (1/h_0)]\exp(-ap^n) \tag{5-7}$$

压缩系数 k_c：

$$k_c = \delta/\delta_0 = h_0/h \tag{5-8}$$

$$k_\infty = \delta_\infty/\delta_0 = h_0/h_\infty \tag{5-9}$$

$$k_c = k_\infty - (k_\infty - 1)\exp(-ap^n) \tag{5-10}$$

式中，k_∞为压缩极限系数。

泥料压缩量（残余变形量）计算公式如下：

$$\Delta L = h_0 - h = h_0[1 - (h/h_0)] \tag{5-11}$$

$$\Delta L = h_c[1 - (1/k_c)] \tag{5-12}$$

或者

$$\Delta L = h_c(k_c - 1)/k_c \tag{5-13}$$

相对残余变形（$\varepsilon = \Delta L/h_0$）由式（5-14）决定：

$$\varepsilon = 1 - 1/[k_\infty - (k_\infty - 1)\exp(-ap^n)] \tag{5-14}$$

由式（5-5）看出：在装料显密度$\delta_{02}>\delta_{01}$变化条件下，为了得到同样的显密度δ，要求较小的最终单位成型压力$p_{k_2}<p_{k_1}$。在保持成型压力（p 固定）的条件下，当$\delta_{02}>\delta_{01}$时，则砖坯显密度$\delta_{k_2}>\delta_{k_1}$。

为了确定参数 a 和 n，必须知道压制曲线坐标上 p_1、k_{c_1}和 p_2、k_{c2}两点的位置，从而求出它们的数值，公式如下：

$$\lg(1/a) = \{\lg p_1 \lg[\lg(k_\infty - 1)/(k_\infty - k_{c_1})/\lg e] - \lg p_2 \lg[\lg(k_\infty - 1)/(k_\infty - k_{c_1})/\lg e]\}/(\lg p_2 - \lg p_1) \tag{5-15}$$

$$n = \{\lg a + \lg[\lg(k_\infty - 1)/(k_\infty - k_{c_1})/\lg e]\}/\lg p_1 \tag{5-16}$$

当以相对残留变形和泥料初始性能来表示 P_a 时，也就是以堆积密度（δ_0）和泥料相对湿度 W_0 来表示 P_a 时，则：

$$P_a = 100 - [\delta_0/(1 - \varepsilon)][(100 - W_0)/\delta_s + (W_0/\delta_1)] \tag{5-17}$$

$$P_a = 100 - (100 - P_{a0})/(1 - \varepsilon) \tag{5-18}$$

因此，利用式（5-18）总是可以作为单位成型压力函数来表示 P_a，按面积压制的单位功为：

$$A_F = \int_0^L p\,\mathrm{d}L \tag{5-19}$$

代入 a、L 值可得出：

$$A_F = h_0 an(k_\infty - 1)\int\{p^n \exp(-ap^n)/[k_\infty - (k_\infty - 1)\exp(-ap^n)]^2 dp \tag{5-20}$$

式（5-20）积分是相当困难的，所以压制单位功的值可以用数值积分的方法来确定。按装料容积的压制单位功为：

$$A_V = (1/h_0)\int_0^L p dL \tag{5-21}$$

或者

$$A_V = an(k_\infty - 1)\int_0^p [p^n \exp(-ap^n)]/[k_\infty - (k_\infty - 1)\exp(-ap^n)]^2 \tag{5-22}$$

5.1.3.2　成型操作

任何成型的目的都是在平衡经济可行性范围内生产最高质量的砖，而生产成本可能最低。

任何成型过程都可用三种基本因素进行分析：

（1）压砖原理；

（2）压砖程序；

（3）压砖机操作的可靠性。

从压砖技术的观点看，有三种可能的方法，如图 5-4 所示。

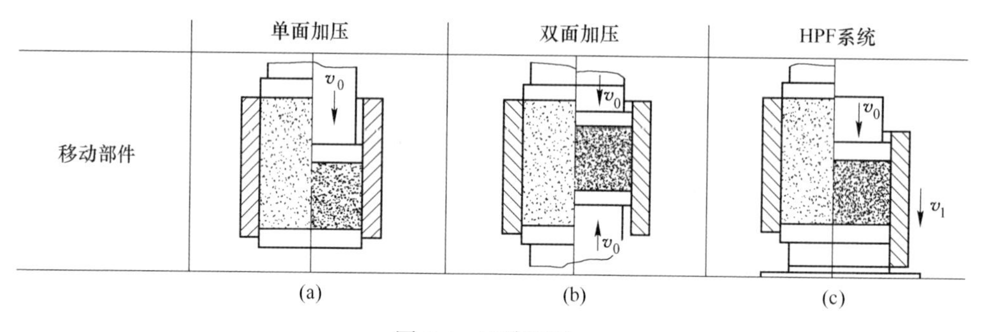

图 5-4　压砖原理

（a）上模板 v_0 = 常数；（b）上下模板 v_0 = 常数；（c）模板 v_0 = 常数，模框架 $v_t = v_0/2$

图 5-4（a）示出了所谓单面加压原理。在这种情况下，下模板和模框板保持不动，只由上模板进行加压。图 5-4（b）示出了所谓双面加压原理，而同时通过上下模板施加压力，模框板保持不动。图 5-4（c）示出的压砖原理，上模板以 v_0 的速度压入模的加料口，下模板保持不动，但在上模板向下移动的同时，模框板也以 $v_0/2$ 的速度向下移动。

最后这种方法［见图 5-4（c）］发展的基本原理是：与液体介质相反，施加于泥料的压力不会均匀地通过固体物料传递。在施加压力的方向上，有平缓的压力下降。决定压力下降的重要因素是：

（1）内部颗粒间的摩擦（受形状、大小和粒度分布控制）；

（2）模壁与颗粒的摩擦；

（3）压力上升的速度；

（4）传递压力的距离。

其中，模壁与颗粒的摩擦可能起到更主导的作用。

对于简单的单面加压情况（固定下模板和模框板），压力（p）下降可以数字化：

$$p_x = p_0 \exp[-U/A \cdot K \cdot M \cdot W(h_1 - h_2)] \tag{5-23}$$

图5-5示出了在压砖过程的不同阶段有效压力通过泥料传递的图解说明。

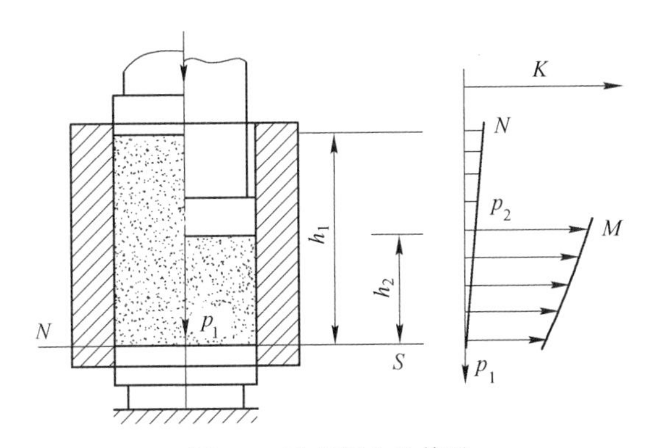

图5-5 垂直压力的传递

K—垂直位置；N—初始位置；M—最终位置；S—结束

考虑到模壁与颗粒的摩擦和靠近模壁颗粒的相对运动，该压力传递对于压制件致密的作用，图5-4（b）方法和图5-4（c）方法是相同的。这种不可避免的压力梯度曲线会导致整块砖坯各个部分的致密度不同，如图5-6所示。

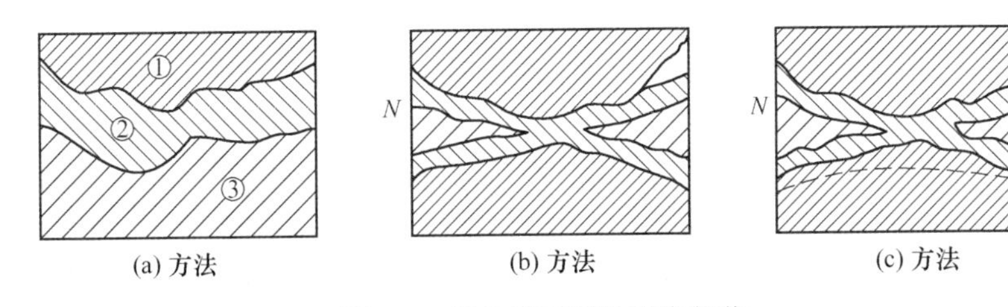

图5-6 整块砖不同的致密部位

对整块砖坯各个部分致密度的不同区域可以确定如下：

（1）最大致密度区；

（2）中等致密度区；

（3）低致密度区或中性区。

在某种程度上，通过不同的压砖方式，采用图 5-6（b）方法也可做到这一点。然而不良的叠加现象也是图 5-6（b）方法内在的缺点。

图 5-7 是根据图 5-6（c）方法和图 5-6（b）方法生产的砖坯沿线性横截面的密度梯度变化曲线。

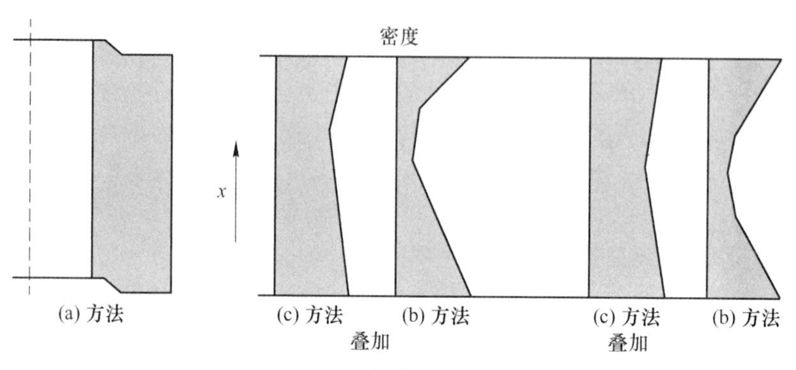

图 5-7　致密梯度变化曲线

从图 5-7 可以看出图 5-6（b）方法的叠加情况，H 为砖的高度。该叠加情况有以下几种：

（1）图 5-6（b）方法内在的缺点是底部压砖油缸始终或多或少地暴露于粉尘中，故需定期维修；

（2）无液压油，不存在污染的危险；

（3）就图 5-6（b）方法而论，基本建设的投资相当低。

A　成型制度及其对砖坯质量的影响

成型制度的基本因素是：作用在泥料上的单位成型压力、平均成型速度、在整个周期中速度分布、成型的阶段性、在压力下保持的时间及加压次数等，其中单位成型压力是主要的。

研究确定，随着压力的增大砖坯密度增加到表明已排除了气孔中的空气至某一临界值时，砖坯就不能再压缩了，因而砖坯达到了临界密度。不论是临界密度，还是与之相适应的临界压力都随着泥料水分的增加而下降。在成型水分低时，砖坯达不到临界密度，其致密化受到混合料中固体颗粒排列限度的影响。对每一成型压力都有一定的最适宜的水分含量，在这一水分条件下砖坯可达到的极限密度接近于临界密度，此时系统为两相系。此外，固相和液相的密度对砖坯极限密度也有影响。

成型速度对砖坯密度的影响很大。成型速度一般理解为接近压模的速度，而实际压制过程中在不同断面内，颗粒实际移动速度却是不同的。缓慢成型能有利于排除空气，提高压制件的密度，并能造成有利的条件使组分移动、变形及松弛在压制件中产生的应力。

确定成型速度与压制件密度及所需要的成型压力之间的数学方程式目前是没有的。有人认为，粉料系统变形速度对其压缩阻力的影响相当于土壤。在粉料系统中，其压缩时发生两种过程：变形能量的积累和能量的消散。依速度大小可能以这种或者那种过程为主发生变形。在能量消散的变化条件下，由于从外面得到的能量还没有来得及完全分布在系统内，因此速度的变化对变形阻力数值没有影响。在同时有能量积累过程的变形条件下，随着变形速度增加，该阻力（F）按以下规律增大：

$$F = C\exp(au^2) \tag{5-24}$$

式中，u 为变形速度；C 为决定物体开始变形的总能量系数；a 为常数。

例如，对于 90mm×90mm×85mm 的 $MgO\text{-}Cr_2O_3$ 砖的压制过程，在压力为 2.94~3.43MPa 的成型第一阶段，泥料压缩速度从 0.08mm/s 变到 1.00mm/s 时对砖坯质量没有影响。在压力为 10.3~11.3MPa 的成型第二阶段，将压缩速度提高到大于 9mm/s 能降低砖坯质量并导致形成裂纹。在成型第三阶段，压缩速度增加到 25mm/s 造成弹性膨胀大大增加，这会导致砖坯结构、力学性能指标的恶化。因此，降低成型第三阶段的速度有可能改善砖坯的质量。

由于气孔中有液相和气相，所以成型泥料具有黏性。因此，从砖模内排出空气和使泥料产生永久变形，最终压制砖坯的密度和显气孔率等都取决于成型速度；在致密开始的两个阶段，成型速度受到冲头和模壁间缝隙断面以及泥料内部空气通道长度、曲度和断面积等的限制。由于泥料致密时透气度减小，所以适当地降低成型速度以便能使空气来得及排出去。在空气通道被液相堵塞后，为了使泥料产生一定的永久变形就必须进一步降低成型速度，但应根据压砖机的结构及动力学，平稳地逐渐地进行压砖速度的减小。

实践表明，成型速度需要根据成型设备的可能性、生产能力、砖坯质量、成品尺寸等进行选择。另外，泥料中空气含量（V_0）与泥料的体积成正比，计算公式如下：

$$V_0 = ABh_0 \tag{5-25}$$

式中，A，B 为柱形坯体中的两底边；h_0 为加料高度。

排出空气的缝隙总断面积（f）正比于在上、下压模周边缝隙的面积，计算公式如下：

$$f = 4S(A + B) \tag{5-26}$$

式中，S 为每块压模周边有缝隙的宽度。

比值 $V_0 : f = ABh_0 : 4S(A+B)$ 越大，排出空气的条件就越差。在加大加料的线尺寸 $m = (V_{01}/V_0)^{1/3}$ 和 S = 常数时：

$$V_{01}/f = ABh_0m^3;\ 4S(A + B) = m^2V_0/f \tag{5-27}$$

即比排出空气的条件差 $m^2=(V_{01}/V_0)^{2/3}$ 倍，说明适当降低成型速度是有益的。通常 S=常数=0.1cm 时，在各种压制件压缩系数差别不大的条件下，成型速度取决于比值 $V/2L$（L 为制品的平面周边长，V 为成型制品的体积）。可用下面经验公式近似计算一个周期内的平均成型速度，计算公式如下：

$$W = 25.4 \times 1.7a/(k_c V/2L) \tag{5-28}$$

在一次近似值中，系数 a 要考虑空气在泥料颗粒间弯曲通道系统中运动的内部阻力与颗粒组成的关系。根据概括的经验数据，对于小于 0.088mm 组分含量大于 45%的细颗粒泥料，$a=0.6$（含有共同细粉碎的方镁石尖晶石质泥料）；对于小于 0.088mm 组分含量为 40%~45%的细颗粒泥料，$a=0.8$（生产钢包衬砖等用的泥料）；对于小于 0.088mm 组分含量小于 40%的细颗粒泥料，$a=1$。

成型时间用 $T_n=L_k/u$ 计算，其中 L_k 为相当于最终压力的成型行程。不论是在增大压力还是在一定的压力条件下，在计算平均成型速度 u 时要考虑到两个压模对压制件作用的全部时间，而不考虑压模的撤离压制件的时间，因为这时压制件在轴向已不受压了。因此，式（5-28）不能用于在压模撤离压制件后二次再施压成型的情况，适用于高度小于平面尺寸的压制件。

为了提高压制件质量，分阶段压缩和反复施压是有作用的。分段成型是不使压模撤离压制件而施加不同大小的压力。此时，在不同阶段的加压速度可以不同。在重复施压时，压模一次或几次撤离压制件。例如在采用摩擦压砖机成型时，从排出空气、松弛压力及提高砖坯密度的观点来看，反复施压的成型制度应当被认为是较好的。

在最高的压力下，保持一段时间对于压制件的质量有良好的影响。A. C.别列日诺依（Бережной）提出下面表达保持时间与水压机成型的砖坯气孔率之间的关系式：

$$P_{at} = P_{a0} - A_1 \lg(Bt + 1) \tag{5-29}$$

式中，P_{at}为在保持时间 t 条件下砖坯的气孔率；P_{a0}为在保持时间 $t=0$ 的条件下砖坯的气孔率；A_1 和 B 对某种泥料是一定的（常数）。

相应压制件的密度为：

$$\delta_t = \delta_0 + A_2 \lg(Bt + 1) \tag{5-30}$$

B　成型制度的选择

成型制度依据压制件的用途、成型泥料性质、压制件尺寸及成型设备而定。高密度的制品，例如高炉砖、钢包砖、电炉砖、转炉砖等要求较高的成型压力和缓慢的成型速度，但成型细颗粒泥料以及配有共同细粉碎粉料的泥料则有许多困难，因为这些泥料很难排出气体。其主要的技术措施是降低第一阶段的成型速度并撤离冲头以排出空气。泥料水分对成型制度也有很大影响，随着水分的增加，在某一压力之前泥料的压缩速度及压缩量增大；在接近极限密度时，泥料的压缩量急剧减小。

成型制品的尺寸也影响成型速度和单位成型压力。制品的体积及被压入空气的体积与线性尺寸的立方成比例变化，而加料的总内部透气率与第一阶段线性尺寸近似地成正比。因此，为了保证排出空气，大型制品的成型速度应当较低。随着制品高度与其水平面半径之比的增加，由于摩擦损失增大，所以成型压力高。成型制度的选择受现有成型设备可能性的限制。

机械压砖机的成型速度取决于成型机构的动力学并且可以用改变曲轴每分钟转数加以调节。工作周期及在整个周期内的成型速度都与转数成正比例变化。

C 压砖步骤

压砖涉及的所有参数中压力-时间和压力-致密度曲线关系基本上可用图解来说明，图 5-8 示出了任意典型的压力-时间曲线，所选用的材料和压制件的几何结构、尺寸、形状等与压力-时间参数值之间都将在大的范围内变化。

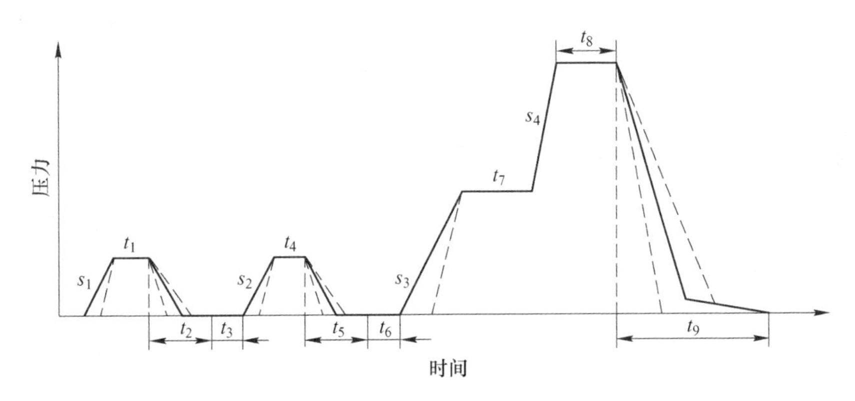

图 5-8 压力-时间曲线

t_1—第一次预压保持时间；t_2，t_5—压力释放时间；t_3，t_6—脱气时间；
t_4—第二次预压保持时间；t_7—第三次预压保持时间；
t_8—高压保持时间；t_9—高压释放时间

图 5-8 示出了预压保持时间、压力释放时间、脱气时间、高压保持和压力释放时间，曲线不同部位的形状也是重要参数并代表压力形成的特性，即压砖速度。预压次数，预压压力值，脱气的次数与时间，压砖速度和施加的最大单位压力都取决于所选用的材料和压制件的形状与尺寸。在镁碳配料成型的特殊情况下，即使是采用频繁脱气的快速压砖，采用很少几次脱气的极缓慢压砖，以及在真空下压砖都是如此。

5.1.4 砖坯的干燥

成型之后的砖坯一般都含有一定量的水分，它们应在砖坯烧成之前绝大部分能得到排除（干燥），并且砖坯的干燥程度通常由其残余水分来衡量。

虽然砖坯干燥在耐火材料生产中是一个较为简单的工序，但仍需要选择较理想的干燥制度来控制水分的排除过程以防止砖坯在干燥（水分排除过快）时产生裂纹。

许多研究结果表明，根据毛细管的尺寸来测量湿度和温度分布特征是很复杂的，虽然测量砖坯表层温度和平均体积湿度并不困难，但测量其平均体积温度和表层湿度的困难是很大的。

因为干燥过程中毛细管内气体在主要时间通常为降速期，所以可得到以下公式：

$$m = -\mathrm{d}(\ln u)/\mathrm{d}\tau \tag{5-31}$$

$$k = \mathrm{d}(\ln U)/\mathrm{d}\tau \tag{5-32}$$

式中，m 为冷却速度；k 为干燥系数；u 为相对温度，$u = (T_c - T)/(T_c - T_0)$；$T_c$ 为加热介质的温度；T_0 为砖坯的初始温度；T 为测量温度；τ 为时间；U 为相对湿度，$U = (U - U_p)/(U_0 - U_p)$；$U_p$ 为利用介质参数时的平衡湿度，即为砖坯的初始湿度。

平均体积的相对温度 u_t 和平均表层温度 u_g 为：

$$u_t = (1/V)\int_V V\mathrm{d}V,\quad u_g = (1/S)\int_S V\mathrm{d}S \tag{5-33}$$

式中，V，S 分别为砖坯的体积和表面积。

运用傅里叶变换和调节制度的理论关系式可以求出：

$$u_t = u_g/[u_g - (\mathrm{d}\ln u_0/\mathrm{d}F_0)\int u_g \mathrm{d}\eta] \tag{5-34}$$

式中，F_0 为傅里叶准数，$F_0 = a\tau/L^2$；a 为导温系数；η 为变换积分。

因为在坯料干燥过程中测量温度 u_g 并不困难，又因为 a 是可以计算出来的，所以 u_g 和 u_t 两值之间的关系是确定的。

同样，也可以求出 U_g（表层相对湿度）为：

$$\ln U_g = \int_0^{F_{om}} [1 - (\mathrm{d}f/\mathrm{d}F_{om})/f]\mathrm{d}\eta \tag{5-35}$$

式中导出函数 f 如下：

$$f = (U_v - 1)/(\mathrm{d}U_v/\mathrm{d}F_{om}) \tag{5-36}$$

式中，F_{om} 为傅里叶质量变换准数，$F_{om} = a_m z/L^2$；a_m 为潜能传导系数。

由于平均体积湿度 U_v 的测量并不困难，所以 U_v 和 U_g 两值之间的关系是确定的。

根据上述讨论，可得出平均体积温度和表层湿度的关系式，它们可以由测量平均表面层温度和平均体积湿度来研究干燥砖坯的情况以重现湿度场和温度场，从而用来控制耐火材料生产过程中的干燥制度。

5.1.5 耐火制品的烧成

耐火材料（制品），除了经过干燥及低温热处理的不烧砖或电熔铸砖等之外，一般都需要烧成。

烧成的目的：第一，原料经过烧成后发生热化学变化，因而它们在高温窑炉使用时不会再发生变化，呈稳定的状态；第二，材料在高温条件中烧结，可保持它们必要的形状和强度，确保必需的质量，以具备烧结材料的耐用性。

耐火材料的烧成方法：按使用原料的化学矿物组成、粒度分布、填充密度、目标质量、形状等而有所不同，因而应使各种耐火材料在相应适宜的烧成温度、烧成时间、升温速度、冷却速度和相应气氛中进行烧成。

5.1.5.1 热化学变化

耐火材料烧成中的热化学变化主要有热分解、结晶转化和烧结。

（1）热分解。许多耐火材料使用的原料，经加热将分别发生特有的热化学变化转变为高温稳定状态。

（2）结晶转化。许多耐火原料存着结晶转化问题，天然原料通常为低温形结晶，但一经煅烧，就会向高温形转化。这种转化现象，在特定的温度下发生可逆（急剧变形）的相互变化（α-β）和在一定温度范围内发生不可逆的转化，后者往往为转化速度慢的缓慢变形转化。这些转化往往伴随有显著的体积膨胀或收缩，所以在耐火材料生产或使用方面必须十分注意。在使用这些原料时，必须通过烧成工序使之转化为稳定的高温形结晶。例如，石英经煅烧后转化为高温形结晶-方石英和鳞石英，从密度为2.65g/cm^3的石英转化为密度为2.26~2.30g/cm^3的高温形结晶。同时，石英在573℃从α-SiO_2（低温形）向β-SiO_2（高温形）急剧转化，体积增加1.35%。β-SiO_2（高温形）在1250℃附近向β-方石英转化，体积增加17%。另外，β-方石英，当冷却到220℃附近时变为低温形α-方石英，体积减小6%。β-方石英在1700℃附近熔融成为石英玻璃，体积增加20%。伴随这样的变态，体积变化大，在烧成含SiO_2的砖坯时必须特别注意。又如，镁质耐火材料中的$2CaO \cdot SiO_2$也是具有多晶型的化合物，随温度而转化的情况如图5-9所示。在转化过程中要产生体积效应（见表5-1），相应各化合物的性质见表5-2。

（3）烧结。将耐火压制件进行烧成是在远比材料熔点低的温度中的焙烧现象，从广义上讲可称为烧成。

为了避免因$2CaO \cdot SiO_2$晶型转化而导致稳定含$2CaO \cdot SiO_2$碱性耐火材料的碎裂和粉化，需要采用稳定剂。稳定剂有P_2O_5、B_2O_3和Cr_2O_3等，其用量（质量分数）为2.5%Cr_2O_3、1.0%P_2O_5、0.5%V_2O_5、4.0%B_2O_3、4%以下的Mn_2O_3都可以达到稳定的目的，它们的稳定机理都是相同的。

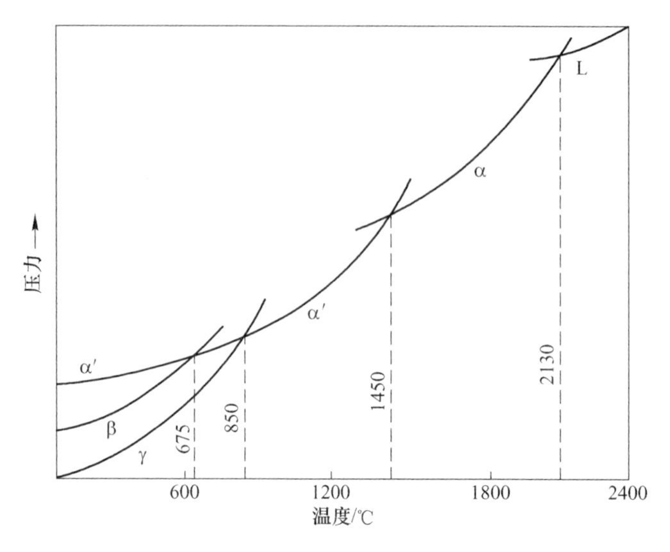

图 5-9　Ca_2SiO_4 晶态的温度与压力平衡曲线

表 5-1　$2CaO \cdot SiO_2$ 晶态及其转化的体积变化

晶体类型	稳定范围/℃	晶态转化类型	体积效应/%
α-$2CaO \cdot SiO_2$	>1450	α 型→α′型	-7.3
α'-$2CaO \cdot SiO_2$	850~1450	α′型→β 型	0.9
β-$2CaO \cdot SiO_2$	介稳状态	β 型→γ 型	10.4
γ-$2CaO \cdot SiO_2$	<850	α′型→γ 型	11.5

表 5-2　$2CaO \cdot SiO_2$ 各晶态的性质

晶体名称	结构类型	晶格常数				密度 /g·cm^{-3}
		a	*b*	*c*	*d*	
α-$2CaO \cdot SiO_2$	α-K_2SO_4 型	5.47		7.19		3.07
α'-$2CaO \cdot SiO_2$	β-K_2SO_4 型	11.08	18.55	6.76		3.31
β-$2CaO \cdot SiO_2$	—	5.48	6.76	9.28	94.5	3.28
γ-$2CaO \cdot SiO_2$		6.78	5.06	11.28		2.97

烧结大致分为两类：一类是耐火材料的结合部位在烧成时发生反应，生成玻璃相或结晶相的烧结，称为液相烧结；另一类是在结合部不产生液相，由固相反应而结合，称为固相烧结。

液相烧结是生成的液相在颗粒间按毛细管现象浸透，在颗粒接触部位生成透镜状的液相，其表面张力使颗粒互相吸引靠近。另外，该液相在烧结温度下对于固相（假如具有溶解性）则产生更良好的固相烧结。

固相烧结，当把接触的颗粒在高温加热时，在接触部位由于热振动引起粒子移动，其接触部位借助表面张力使其表面积变得最小，并使接触面积扩大，致密增加，变成一个整体的现象。因此，原料粒度、表面能、烧结温度、加热时间对固相烧结影响都较大。

一般耐火材料发生复合烧结与固相烧结，但高熔点氧化物、碳化物、氮化物、硅化物等不夹杂液相，多数发生固相烧结。像这样的烧结过程，由于化学组成、粒度分布、填充密度、烧成温度等造成制品不同程度的线变化，所以成型用模子的设计需要考虑这些因素的影响。另外，由于烧成体线变化差异大，有可能引起变形，所以对于烧成制品来说，均匀的成型和均匀的温度分布是非常必要的。

5.1.5.2 烧成技术

由于原料种类不同，耐火材料在烧成中发生的各种变化，也会不同。因此，不同种类耐火材料必须采用各自适宜的烧成条件进行烧成，图 5-10 示出了几种耐火砖的烧成曲线可供参考。

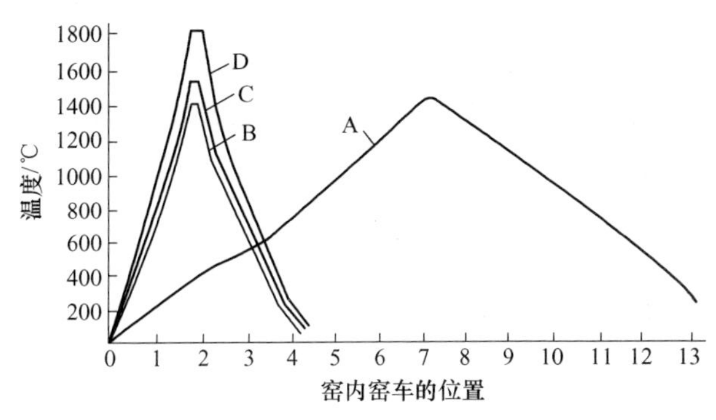

图 5-10 各种砖的烧成曲线

A 硅砖的烧成

生产硅砖的工序是：粒度调整的硅石原料经过与结合剂（石灰乳）混合，高压成型，干燥烧成。

如前所述，硅石原料在烧成中将发生各种结晶转化，同时伴随很大的体积变化，容易产生裂纹，因而必须按照适应转化的升温速度进行烧成；特别是在573℃左右，因为 α/β-石英的急剧转化，体积发生膨胀，故应缓慢升温。实际生产中，在 400~700℃之间可以以 5℃/h 的速度升温。

由于硅砖烧成中升温速度慢，而且在整个烧成温度范围内尚需改变升温制度，所以认为采用容易控制升温制度的单独窑（圆窑或方窑）进行烧成较为合适。图 5-10 示出的曲线 A 为采用圆窑烧成硅砖的一般烧成曲线。

不过，现在已掌握了隧道窑烧成硅砖的工艺，因而提高了硅砖的生产率。

B　黏土砖和高铝砖的烧成

（1）叶蜡石砖。该砖以叶蜡石为主原料并加少量结合黏土或结合剂进行混练及成型，经干燥，于1200～1300℃的温度中烧成。制品的化学成分（质量分数）为60%～79%SiO_2，20%～35%Al_2O_3，耐火度为1610～1710℃。在隧道窑中烧成时约需3d时间。

叶蜡石砖的特征是，原料在烧成时的体积变化小，生原料不经煅烧即可使用，在低温下是致密化的。

（2）黏土砖。以高岭土为主原料，因为高岭土在加热时的收缩量大，所以在1300～1400℃煅烧后以获得的熟料作为原料使用。

黏土砖所用多为熟料，经过粒度调整，加入少量结合黏土或结合剂进行混练，成型砖坯；经干燥后于1300～1500℃的隧道窑中烧成，历时约4d，烧成温度由原料中的Al_2O_3含量、制品目标性能和制品形状等因素决定。

（3）高铝砖。高铝砖原料有天然硬水铝石、铝矾土、高铝质页岩及蓝晶石、硅线石、红柱石等原料和人造原料，如合成莫来石、烧结/电熔氧化铝等。含结晶水的天然原料，加热时体积变化大，需要煅烧后使用。

另外，当需要高耐蚀性能时，通常使用人工合成原料生产高铝砖，在超高温（1700～1800℃）烧成，图5-10中的曲线D为这类高铝砖的烧成曲线，而曲线C则为一般高铝砖曲线。

C　碱性砖的烧成

（1）镁砖。天然菱镁矿（$MgCO_3$）采用一步法或两步法工艺制取烧结镁砂或者由海水/盐湖中提取的氢氧化镁经一步法或两步法工艺制取烧结镁砂，以及以天然菱镁矿或镁砂经电熔制取电熔镁砂等为原料。镁砂原料按类似高铝砖的生产工艺流程生产镁砖。

镁砖一般采用隧道窑生产，在1500～1600℃历时约4d烧成。高温能促进烧结，使镁砖具有良好的抗热震性和高温强度。

另外，特别需要高温强度时，则采用高纯烧结镁砂或电熔镁砂制砖，在超高温（1800～1900℃）烧成，获得方镁石-方镁石结晶相互结合的直接结合镁砖。

（2）$MgO\text{-}Cr_2O_3$砖和$MgO\text{-}MgO \cdot Al_2O_3$砖。前者以镁砂和天然铬铁矿（$FeO \cdot Cr_2O_3$）为原料，按镁砖生产工艺制砖，可获得陶瓷结合$MgO\text{-}Cr_2O_3$砖。当采用高纯原料时即可制成方镁石和尖晶石结晶相互结合的直接结合$MgO\text{-}Cr_2O_3$砖，但它们要比陶瓷结合$MgO\text{-}Cr_2O_3$砖在高得多的温度（1800～1900℃）下烧成。

此外，以预合成$MgO\text{-}Cr_2O_3$砂（烧结/电熔）为原料生产直接结合/再结合$MgO\text{-}Cr_2O_3$砖。它们也应在超高温（1800～1900℃）烧成，其烧成曲线与镁砖的烧成曲线相似。

MgO- $MgO\cdot Al_2O_3$ 砖根据使用条件而选用镁砂和氧化铝或者合成尖晶石作为原料，其生产工艺与 MgO-Cr_2O_3 砖相近，烧成温度则取决于所用原料的纯度和性质。

（3）白云石（MgO-CaO 系）砖。以死烧天然白云石砂或者合成 MgO-CaO 砂为原料，加入非水系结合剂经混练—压砖—烧成。根据原料纯度不同，烧成温度为 1500~1800℃。为了提高耐用性和防止储存、运输中水化，需要对烧成白云石（MgO-CaO 系）砖进行防水化处理。

5.1.5.3 烧成窑炉

现在使用的烧成窑炉，有连续窑和间歇窑。耐火制品烧成大多使用连续窑，仅硅砖和特殊制品的烧成才使用间歇窑。

（1）连续窑：隧道窑。

（2）间歇窑：方窑、圆窑、梭式窑、车底式钟罩窑。

A 连续窑

耐火制品烧成用隧道窑大部分为直焰式，由预热带、烧成带和冷却带构成，在窑外向窑车上码装砖坯，从预热带口入窑，顺次经过各带从冷却带出口出窑。隧道窑可按以下方式分类。

（1）从燃烧方式观察，隧道窑属于直焰式，它有顶烧式和侧烧式两种方式。前者分间歇燃烧式和连续燃烧式；后者则分为制品间直接燃烧式和燃烧室顶燃烧式。

（2）按烧成温度可分为：

1）普通烧成温度在 1500℃以下；

2）高温烧成温度在 1500~1700℃之间；

3）超高温烧成温度在 1700℃以上。

（3）按窑车入窑方式分类：

1）连续送入式；

2）断续送入式。

按燃烧方式分类时，顶烧式窑是在燃烧带窑顶设置烧嘴，主要用于 1500℃以下的烧成。

图 5-11 示出了用码装砖坯的间隔作为燃烧室，在此间进行向下间歇燃烧。因而窑车入窑为断续送入方式，干燥带多为直接干燥。

顶烧式的特征有：

（1）可以设计成宽度大而长度小的短窑；

（2）由于采用间歇燃烧温度的调节方式，故可在砖坯之间燃烧，可以大幅度的节能；

（3）干燥带为直接式。

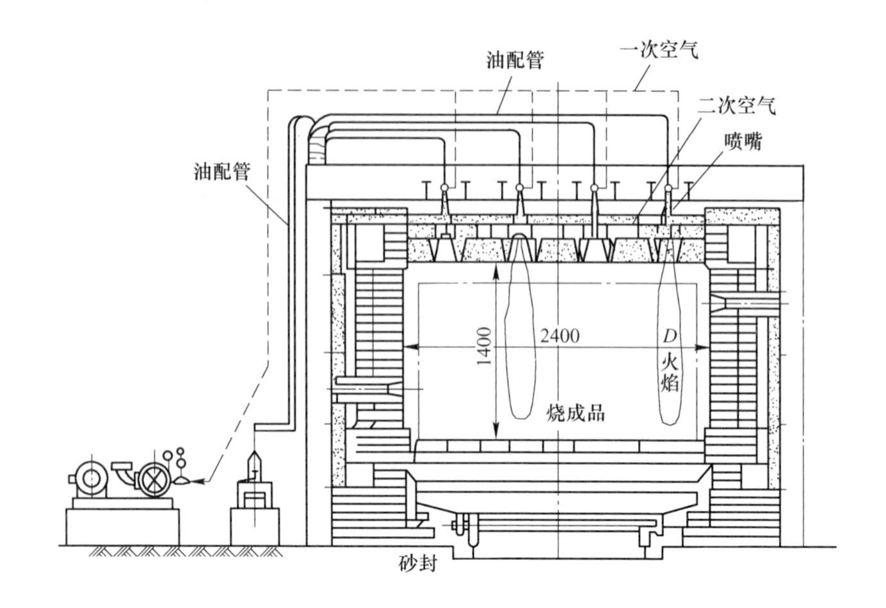

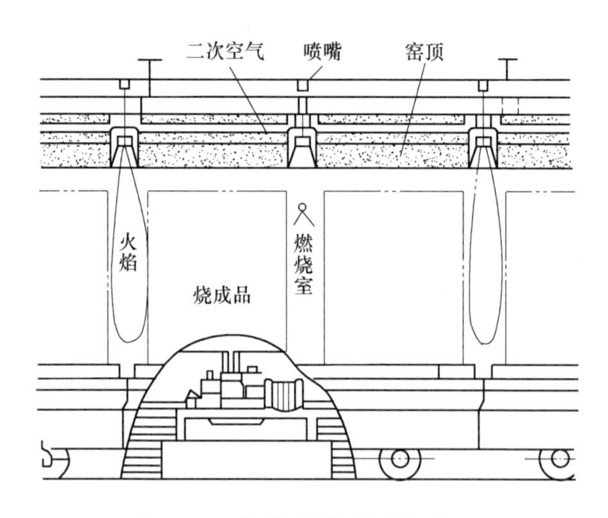

图 5-11　顶部间歇燃烧式隧道窑

另外，顶烧式窑用于1700℃以上的超高温烧成时，在窑轴线方向直角倾斜窑顶上设置烧嘴，烧嘴火焰温度可有效地传给砖坯，并且具有降低窑车用耐火材料或窑具用耐火材料热负荷的特点。采用这种窑型是为了获得超高温，而使烧嘴连续燃烧及窑车连续送入。

侧烧式窑是在侧面设置烧嘴（见图 5-12 左侧），有预燃烧室，广泛用于普通烧成耐火材料。

侧烧式是将砖坯在窑车上连续码装和连续送入方式。大容量烧成用窑的长度

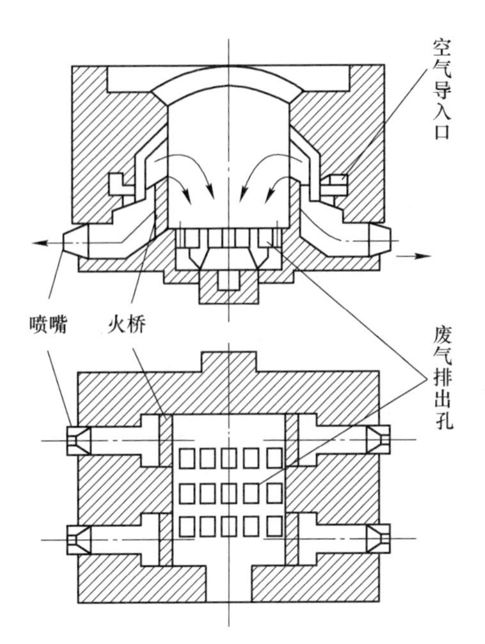

图 5-12 侧烧式隧道窑烧成带断面

较长，具有增加成本的缺点，在耐火材料烧成方面其使用已有减少的趋势。与此相反（见图 5-12 右侧），不留预燃烧室，即在砖坯之间燃烧，在窑车上码装砖坯时留出一定的间隔。这种类型窑用于 1700℃以上的超高温烧成，窑车断续送入。

按烧成温度分类的普通烧成，主要用于黏土砖、叶蜡石砖等通用耐火砖的烧成，可以采用顶部间断燃烧式窑和侧烧式窑。

高温烧成主要用于硅酸盐结合的碱性砖、高铝砖、硅砖等的烧成，可以采用侧烧式窑。

超高温烧成主要用于直接结合碱性砖、高铝砖、镁质砖、白云石砖等的烧成，可以采用侧面连续燃烧式窑。

B 间歇式窑

间歇式窑有以下几种。

（1）倒焰式方窑。在长方形的长边侧设数个燃烧口，在燃烧口前有挡火墙（挡板），燃烧气体上升至窑顶，在砖坯间下降，由窑底的吸火孔经下部烟道从烟囱排出，如图 5-13 所示。

（2）倒焰式圆窑。除了窑顶为圆形之外，其他大致与方窑相同，但燃烧口沿圆周布置为放射状。由于窑顶为圆形，所以需要使用许多异型耐火砖砌筑。

从倒焰式圆窑的结构看，此窑适于更高的烧成温度；由于其加热比方窑更均匀，因此适用于形状复杂及烧成条件更严格的制品烧成。

（3）梭式窑。该窑与方窑相同，在长方形的长边侧（两侧）设有燃烧室，

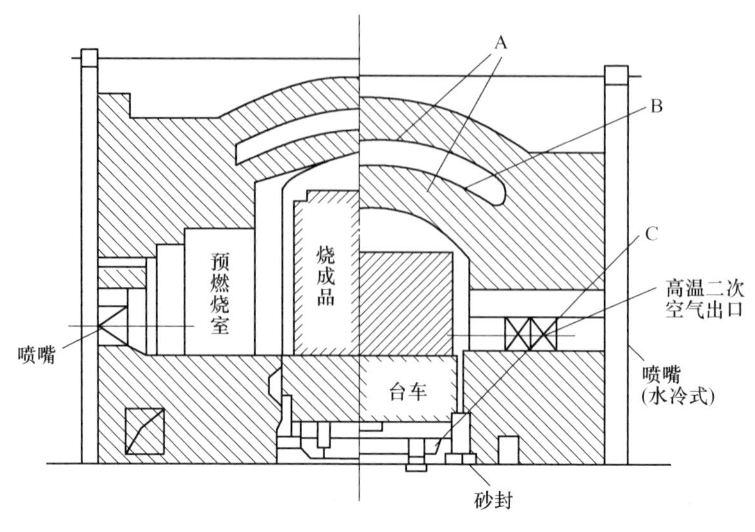

图 5-13　倒焰式方窑

A—二层窑顶；B—空气（预冷带）；C—工作台

但方窑为固定窑底，而梭式窑为移动式窑底，向窑车码装砖坯和卸烧成制品作业都在窑外进行。

（4）车底式钟罩窑。该窑既有圆形也有方形，包括窑墙、窑顶和燃烧装置的上部窑体可上下升降，而窑底为移动窑车式。图 5-14 的左侧示出了上部窑体

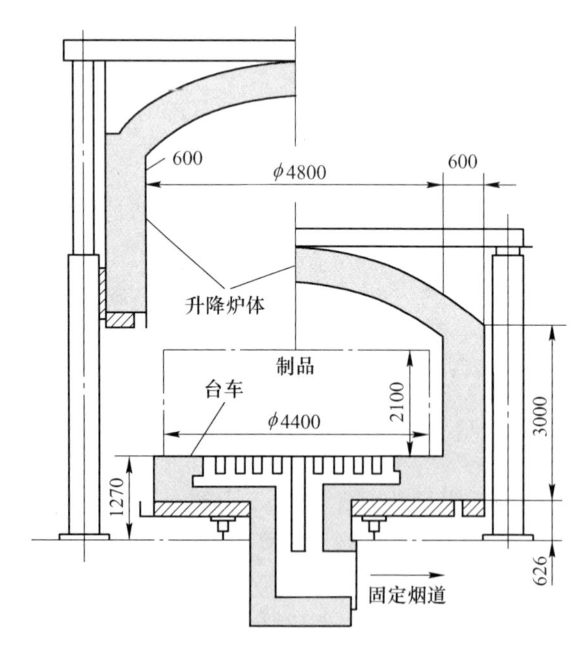

图 5-14　车底式钟罩窑（单位为 mm）

处于上升状态，窑车处在固定位置，右边示出的是上下两部分都处在运动状态。

一般采用高速燃烧烧嘴，使窑内气流强制循环，在上部窑体外周一段或数段内设置数个烧嘴。

窑内加热循环气体由砖坯的间隙、在窑车内聚集，然后通过设在正下面的固定烟道由排烟筒排出。

砖坯码装和成品下卸时都需要将上部窑体吊起，将窑车移动到外边进行。

车底式钟罩窑与方窑、圆窑不同，它们没有固定窑底，装卸作业简单，不必担心窑底和窑门漏气，而且窑内温度分布偏差较小。

从结构上看，采用大容量窑不会受到限制，但缺点是设备费用较高。

5.1.5.4 隧道窑推车制度的选择

隧道窑通常都是在间断推动窑车的条件下操作的，此时砖垛被周期性地推进一定距离（一个推车间距），该距离一般等于窑车的长度（有时是窑车长度的一半）。这使隧道窑能够在砖垛（或半个砖垛）间燃烧室尺寸比较稳定的条件下工作，可采用窑门结构对窑两端进行密封。

同时，当窑车从一个车位推进到后一个车位时，由于在砖垛和窑墙间出现很大温差会导致形成强大的辐射热流，结果增大了砖垛和窑墙内的热应力。考虑到出现温差和推车间距有明显的直线关系，推车间距应当有一定的限度。显然，产生的热应力少于或接近烧成制品的强度极限时的推车速度就是这种推车间距的极限。因此，可以通过对烧成制品和窑墙间热交换所产生的热弹性应力进行计算后，便可根据烧成制品的热强度条件进行推车参数的选择。

在选择间断推车制度时，窑墙内会产生周期性的热应力，并随着推车间距的增加而增大，这对砌体有不利影响。

在烧成时，由于热强度低的砖坯（如滑动水口板砖、复杂异型砖等）不允许在激烈的烧成制度的条件下烧成时，改为连续推车或短距离推车是最合适的。

在耐火砖的烧成过程中，其升温和冷却过程中的瞬时温度最大允许变化量（$\mathrm{d}T/\mathrm{d}\tau$）可用式（5-37）表示：

$$\mathrm{d}T/\mathrm{d}\tau = S_{\mathrm{t}}(1-\nu)\beta E \times a\lambda/h^2 \tag{5-37}$$

式中，S_{t} 为抗拉强度；β 为线膨胀系数；E 为弹性模量；ν 为泊松比；λ 为热导率；a 为热扩散率；h 为温度梯度方向上线性试样尺寸。

由此可见，较小的 α 值和较高的 a 值或 λ 值即可允许较高的瞬时温度变化。

B. r.阿伯巴库莫夫曾经阐明推车制度对热应力的影响。例如，一个窑体横截面单元（见图 5-15），包括砖垛的侧部砖垛 1 和窑墙 2（垂直方向的传热意义不大，图中未考虑）可以作为计算模型（仅包括厚度等于砌砖长度的内层墙）；窑墙其余部分可以代之以当量热阻。

在热工关系中，将砖垛的砖列视为均质体，即不考虑码砖密度的影响。在这

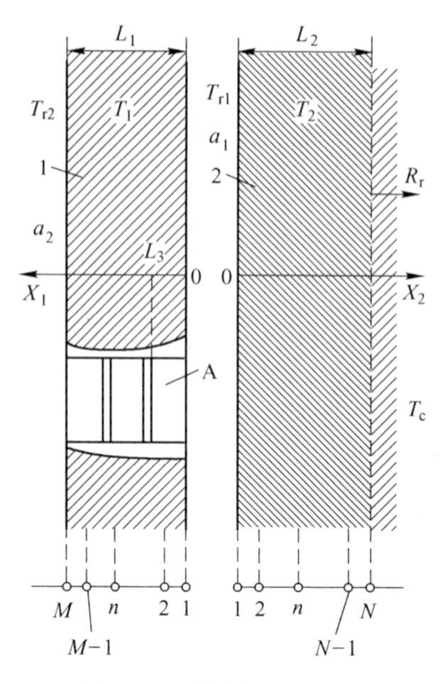

图 5-15 计算模型示意图

种情况下，砖列和窑墙内的传热过程可以写成同样的传热方程式：

$$C_i(T_i)\rho_i(T_i)\partial T/\partial\tau = \partial[\lambda_i(T_i)\partial T_i/\partial x_i]/\partial x_i \quad (5\text{-}38)$$

式中，i 为不同部位，i=1，2（下标 1 指砖垛，2 指窑墙）；T 为温度；C 为比热容；ρ 为密度；x 为距砖垛侧火道的坐标。

规定的边界条件如下：

$x_1 = l_1$ 时

$$\lambda_1(\mathrm{d}T_1/\mathrm{d}x_1)\mid_{x_1=l_1} = a_2(T_{r2} - T_1\mid_{x_1=l_1}) \quad (5\text{-}39)$$

$x_1 = 0$ 时

$$\lambda_1(\mathrm{d}T_1/\mathrm{d}x_1)\mid_{x_1=0} = A_{1,2}a_0[(T_2\mid_{x_2=0}/100)^4 - (T_1\mid_{x_1=0}/100)^4] + a_1(T_{r1} - T_1\mid_{x_1=0}) \quad (5\text{-}40)$$

$x_2 = 0$ 时

$$\lambda_2(\mathrm{d}T_2/\mathrm{d}x_2)\mid_{x_2=0} = A_{1,2}a_0[(T_1\mid_{x_1=0}/100)^4 - (T_2\mid_{x_2=0}/100)^4] + a_1(T_{r1} - T_2\mid_{x_2=0}) \quad (5\text{-}41)$$

$x_2 = l_2$ 时

$$\lambda_2(\mathrm{d}T_2/\mathrm{d}x_2)\mid_{x_2=l_2} = (1/R_r)(T_c - T_2\mid_{x_2=l_2}) \quad (5\text{-}42)$$

$$\tau = 0:\ T_1 = f_1(x_1);\ T_2 = f_2(x_2) \quad (5\text{-}43)$$

式中，l_1 为砖垛的砖列厚度，m；a_2 为砖垛各砖列间缝隙的传热系数，W/(m^2·K)；T_{r2} 为砖垛各砖列间缝隙内气体的温度，K；$A_{1,2}$ 为换算的吸收系数，$A_{1,2}$ =

$1/[(1/\varepsilon_1)+(1/\varepsilon_2)-1]$；$a_0$ 为绝对黑体的发射率，$a_0=5.6687\text{W}/(\text{m}^2\cdot\text{K}^4)$；$a_1$ 为窑墙和砖垛间缝隙的传热系数；R_r 为窑墙外层压（$x_2>l_2$ 的范围内）和由窑墙到周围介质的总热阻，$\text{K}\cdot\text{m}^2/\text{W}$；$T_c$ 为周围介质的温度，K；l_2 为窑墙内层厚度，m；$f_1(x_1)$ 和 $f_2(x_2)$ 为规定的函数。

式（5-37）~式（5-43）完全确定了该模型的热工制度，可计算砖垛的砖列中和窑墙中的不稳定温度场。联立方程组［见式（5-37）~式（5-43）］可以用各种方法解出。同时傅里叶方程式（5-38）也可以近似地用截然不同的下述方程来表达，公式如下：

$$\Theta_{i,n}^{k+1}=B_{i,n}^{k}\Theta_{i,n}^{k}+B_{i,n+1}^{k}\Theta_{i,n+1}^{k}+B_{ki,n-1}\Theta_{ki,n-1} \tag{5-44}$$

其中：

$$\begin{gathered}B_{i,n+1}^{k}=\lambda_{i,1}\Delta\tau/(C_{i,n}Q_{i,n}h^2)\\B_{i,n+1}^{k}=\lambda_{i,11}\Delta\tau/(C_{i,n}Q_{i,n}h^2)\\B_{i,n}^{k}=1-B_{i,n+1}^{k}-B_{i,n+1}^{k}\\\lambda_{i,1}=(\lambda_{i,n+1}+\lambda_{i,n})/2\\\lambda_{i,11}=(\lambda_{i,n-1}+\lambda_{i,n})/2\\i=1,\ 2\end{gathered} \tag{5-45}$$

式中，Θ_i 为节点中 i 材料的近似温度，K；$\Delta\tau$ 为时间间隔，s；h 为坐标间距，m；k，$k+1$ 为被研究一段时间开始和结束时的数据；n，$n-1$，$n+1$ 为相应结点数值。

式（5-39）~式（5-43）的边界条件可代之以下各关系式：

$$\Theta_{i,M}^{k+1}=[a_2T_{r2}+(\lambda_{1,M}+\lambda_{1,M-1})\Theta_{1,M-1}^{k+1}/2h]/[a_2+(\lambda_{1,M}+\lambda_{1,M-1})/2h] \tag{5-46}$$

$$\begin{aligned}\Theta_{1,1}^{k+1}=&[a_1T_{r1}+(\lambda_{1,1}+\lambda_{1,2})\Theta_{1,2}^{k-1}/2h]/[a_2+(\lambda_{1,1}+\lambda_{1,2})/2h]+\\&A_{1,2}a_0/[a_1+(\lambda_{1,1}+\lambda_{1,2})/2h^2][(\Theta_{2,1}^{k+1},\ 1/100)^4+\\&(\Theta_{1,1}^{k+1}/100)^4]\end{aligned} \tag{5-47}$$

$$\begin{aligned}\Theta_{2,1}^{k+1}=&[a_1T_{r1}+(\lambda_{2,1}+\lambda_{2,2})\Theta_{2,2}^{k+1}/2h]/[a_1+(\lambda_{2,1}+\lambda_{2,2})/2h]+\\&A_{1,2}a_0/[a_1+(\lambda_{2,1}+\lambda_{2,2})/2h][(\Theta_{1,1}^{k+1}/100)^4+\\&(\Theta_{2,1}^{k+1}/100)^4]\end{aligned} \tag{5-48}$$

$$\begin{aligned}\Theta_{2,n}^{k+1}=&[(T_c/R_r)+(\lambda_{2,n}+\lambda_{2,n-1})\Theta_{2,n-1}^{k+1}/2h]/[(1/R_r)+\\&(\lambda_{2,n}+\lambda_{2,n-1})/2h]\end{aligned} \tag{5-49}$$

$$\Theta_{1,n}^{0}=f_1[(n-1)h];\ \Theta_{2,n}^{0}=f_2[(n-1)h] \tag{5-50}$$

当联立解方程式（5-47）和式（5-48）时可求得温度 $\Theta_{1,1}^{k+1}$ 和 $\Theta_{2,1}^{k+1}$。

由解方程式（5-44）和式（5-50）的结果求出的温度场可以计算烧成制品和窑墙内的热应力。在一般情况下，制品热应力状态的分析必须在空间弹性理论的范围内进行，但对于某些种类耐火砖（砖垛中沿隧道窑通道纵向码放的一些砖，各种板材）来说，可以按近似的关系式计算。根据有关资料，厚度 $2L$ 的板材在三向受力状态时，已知的解是综合的：

$$\sigma(y) = -\beta ET/(1-2\nu)+\beta E/[2L(1-2\nu)]\int_{-L}^{L}T\mathrm{d}y + 3y\beta E/[2L^3(1-2\nu)]\int_{-L}^{L}Ty\mathrm{d}y \tag{5-51}$$

式中，σ 为热弹性应力，Pa；y 为到中心的坐标，m；β 为线膨胀系数，1/K；T 为温度，K；E 为标准弹性模量，Pa。

利用式（5-51）确定砖垛内厚 L_3 的纵向砖 A（见图 5-15）中在此分出层区力学方面，即可以视为一体的窑墙内热弹性应力，这时不考虑该层和窑墙其他部分间通过砖端的机械结合。

按下列方式计算温度场。首先计算稳定的温度分布 $T_2(x_2)$，而未考虑窑墙和砖垛砖列间的热交换，并且把此曲线作为一次近似值 $f_2(x_2)$。然后为 $f_1(x_1)$ 定出了温度的稳定分布 $f_1(x_1)=T_0$，并按式（5-44）~式（5-50）计算了在规定的推车间隔时间 τ_a 内的不稳定温度场 T_1 和 T_2。在下一阶段中把上一计算结束瞬间 $\tau=\tau_a$ 定为 $T_2(x_2)$，而 $f_1(x_1)$ 按式（5-52）计算：

$$f_1(x_1) = T_1(x_1)\mid_{\tau_a} - \alpha\tau_a \tag{5-52}$$

式中，$T_1(x_1)\mid_{\tau_a}$ 为上一阶段结束时砖垛砖列中的温度分布；α 为砖垛的平均加热（或冷却）速度（预热带为正值，冷却带为负值），K/s。

引用式（5-52）时认为，砖垛沿隧道窑通道的温度场至少在推车的长度 L_a 点是一样的。这种计算进行到后面一些阶段时确定了固定（在同样时间内）的温度分布 $T_1(x_1)$ 和 $T_2(x_2)$。

把温度 T_{r1} 和 T_{r2} 看作相等，并由这种计算来选择，以便在规定的推车制度下温度 $T_{r1}(x_1)$ 不超过 1300℃。另外，在较高的温度下应估计到热应力会松弛。

考虑烧成过程的温度时，选用了黏土砖作为窑墙材料，在以下数值条件下按有关规范进行计算：$L_1=L_2=230\text{mm}$，$L_3=65\text{mm}$；$a_1=a_2=20\text{W}/(\text{m}\cdot\text{K})$；$T_{r1}=T_{r2}=700℃$；$R_r=1.3\text{K}\cdot\text{m}^2/\text{W}$；$\Delta\tau=10\text{s}$；$h=0.01\text{m}$；镁尖晶石制品的 $\varepsilon_1=0.7$，而刚玉耐火材料的 $\varepsilon_1=0.5$。

图 5-16 示出了在冷却镁尖晶石标准砖时砖垛砖列中和窑墙内的温度场，推车时 $\tau_a=5000\text{s}$，$\alpha=-0.02\text{K/s}$。

砖垛的纵向砖内和窑墙内的热弹性应力作用场 $\sigma(1-2\nu)/(\beta E)$（有温度因子，拉应力为“+”），如图 5-17 所示。

由于砖垛和窑墙间有热交换，砖垛温度场的特点是很不对称的，砖列相反两面的温差超过 100K。

由图 5-16（b）可见，在距表面约 100mm 的窑墙内发现有明显的温度波动，故可认为在计算模型内有两处变化的温度场（在 $x_2<L_2$ 的内层）和温度固定处的窑墙上出现的裂纹是正常的。

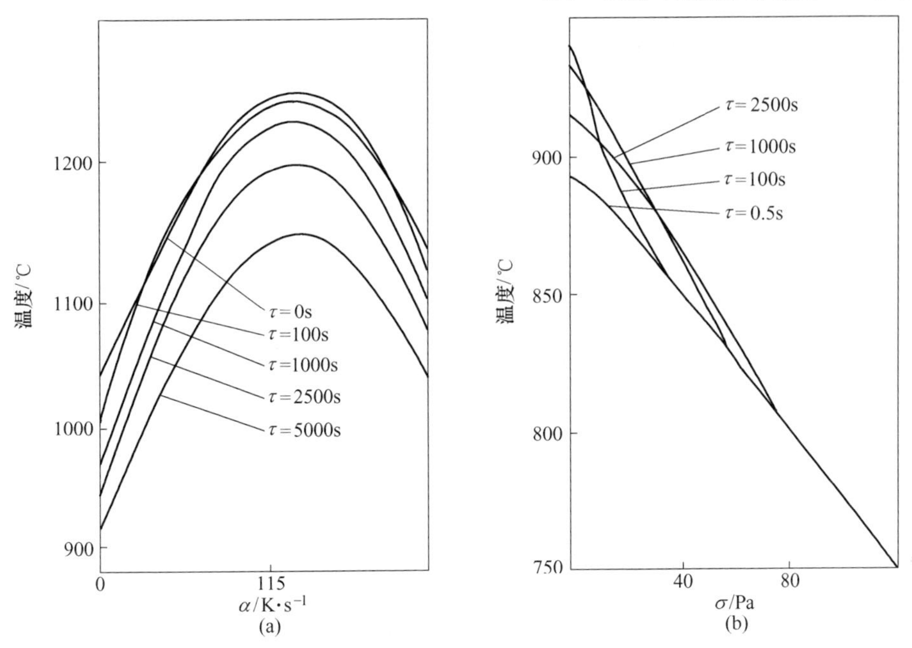

图 5-16 砖垛砖列中和窑墙中的温度分布
(a) 砖垛砖列中；(b) 窑墙中

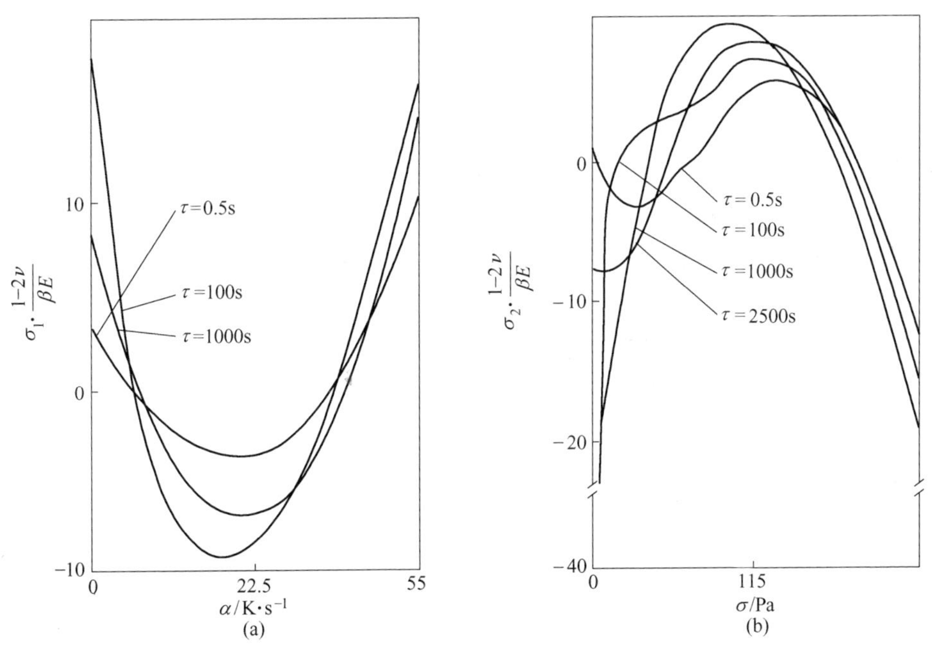

图 5-17 砖垛的纵向砖 A 中和窑墙中的弹性应力分布
(a) 砖垛的纵向砖 A 中；(b) 窑墙中

推车期间，窑墙和砖垛经受着很大热冲击作用：在短时间（约 100s）内，它们的表面从一处移动到另一处，其表面温度分别变化 50K 和 30K。这种温度周期性变化的特点导致在推车时窑墙和烧成制品内热弹性应力激增（见图 5-18 和图 5-19），从而缩短了窑墙寿命，并且在许多情况下当超过允许应力时会导致烧成废品的产生。

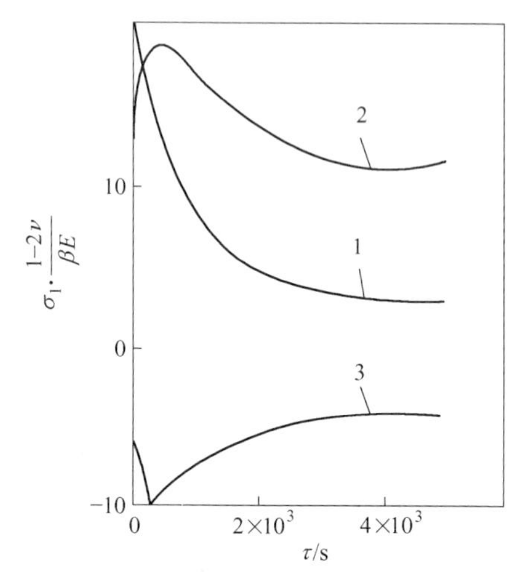

图 5-18　砖垛中砖 A 内热弹性应力随时间的变化

（τ_α = 5000s；α = −0.02K/s）

1—x_1 = 1；2—x_1 = L_3；3—最大压应力

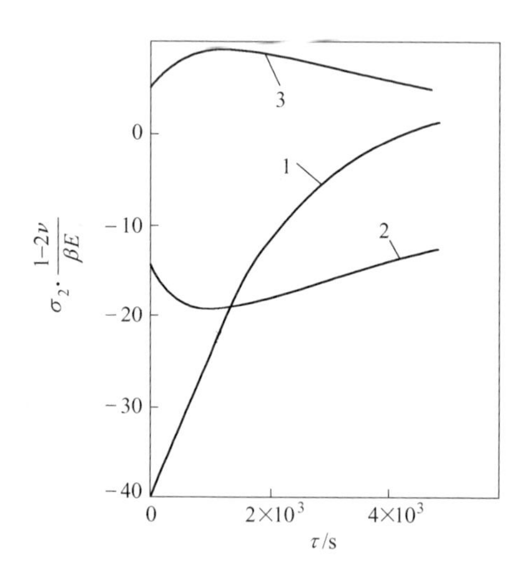

图 5-19　窑墙内热弹性应力随时间的变化

（τ_α = 5000s；α = −0.02K/s）

1—x_2 = 0；2—x_2 = L_2；3—最大压应力

关于推车间隔时间 τ_a 对烧成制品和窑墙热弹性状态影响的研究（见图 5-20 和图 5-21）指出，当维持砖垛平均加热（或冷却）速度不变时，随着推车时间 τ_a 的缩短，将减小砖垛停留在车位上的空间某点 σ_1 和 σ_2 的变化。正如由引用

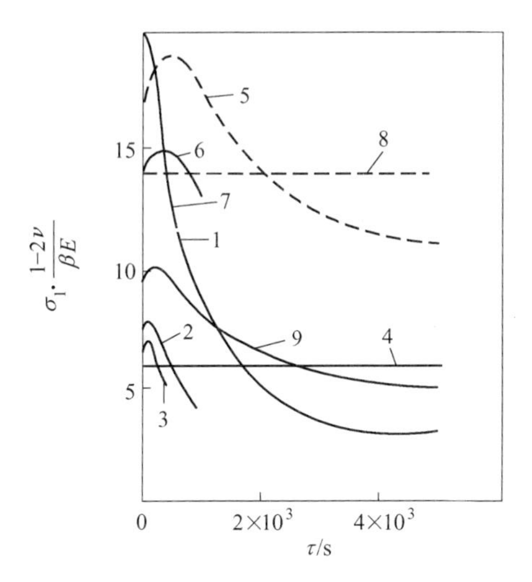

图 5-20　在不同推车时间（τ_α）的条件下砖垛中砖 A 内的热弹性应力变化

（$\alpha=-0.02$K/s）

1，5—τ_{α_1}，$\gamma=5000$s；2，6—τ_{α_1}，$\gamma=1000$s；3，7—τ_{α_1}，$\gamma=500$s；4，8—连续推车；9—不考虑与窑墙的热交换

实线—$x_1=0$；虚线—$x_1=L_3$

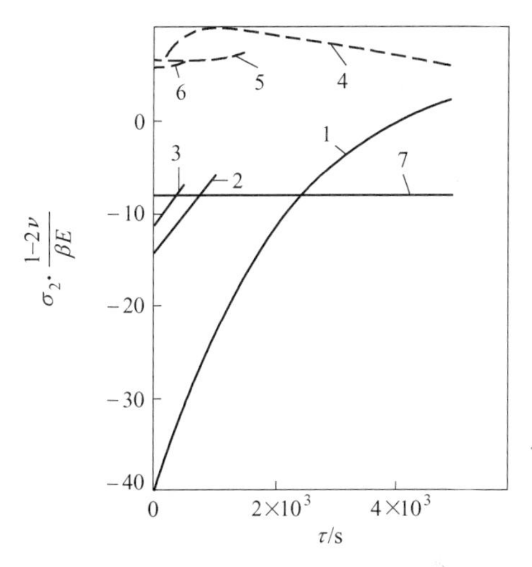

图 5-21　在不同推车时间（τ_α）的条件下窑墙内的热弹性应力变化

（$\alpha=-0.02$K/s）

1，4—$\tau_{\alpha_1,\gamma}=5000$s；2，5—$\tau_{\alpha,\gamma}=1000$s；3，6—$\tau_{\alpha,\gamma}=500$s；7—连续推车

实线—$x_1=0$；虚线—最大拉应力

资料得出的那样，转变成 $\tau_a = 1000s$ 的短距离推车，在研究的条件下能够降低制品中最大热应力 1/3，降低窑墙内最大热应力 2/3，或者在现有热应力条件下提高隧道窑的生产能力（用提高温度变化速度 α 的方法），进一步缩短 τ_a，对窑墙和制品内的应力情况都不会有很大影响。

应当指出，这种没有考虑与窑墙热交换的计算会导致结果几乎偏低一倍，如图 5-20 中的曲线 9 所示。

在组织短距离推车时，考虑到计算的复杂性，对于研究条件下的热应力降低 1/3 可以说没有足够的理由有利于这种推车制度。同时，在减小 a 时，对于受热条件限制允许在温度高速变化条件的烧成制品，在改为短距离推车和连续推车的条件下，可以增加热应力。例如，在 $a = -0.005K/s$ 冷却刚玉耐火砖条件下，从 $\tau_{a_1,r} = 20000s$ 而改为 $\tau_{a_1,r} = 10000s$ 时，即可导致制品内的热应力减少 2/3。当然，这种制品最适宜在连续推车或者在短距离推车制度下烧成，因为在这些情况下可以大大缩短烧成周期和减少废品。

以这种数学模型对窑顶的热应力状态也进行了计算，结果确定在假定窑顶各块耐火砖之间刚性机械结合时，其中热弹性应力大约超过窑墙内应力的 0.5 倍。

对预热带和冷却带内制品的热应力状态进行计算比较后指出：当选择推车制度时冷却带是决定性的，因为在冷却带的制品经受着最危险的非常大的拉应力。至于窑墙，其情况正好相反；在预热带的制品最大的拉应力也在加大。

热弹性应力取决于烧成制品的具体形状和砖垛的结构。因此，每一种情况都要求有各自的推车制度，同时也应注意窑的结构特点。

通常，推车参数计算按以下方式进行，即根据确定的 τ_a 和 α，按前述方法计算制品内的热应力。如果计算制品内的热应力数值超出允许值或者远低于允许值时，必须改变 α（或者改变 τ_a）重新进行计算。

在根据热强度条件选择推车制度时，制品的热应力状态是决定性的，因为在工厂的烧成条件下，窑墙内的热弹性应力不超过砌筑材料所允许的最大值。同时，周期性应力对砌体的长期作用可能会导致它的疲劳性破坏。

5.2 不定形耐火材料的制造

根据施工方法，不定形耐火材料主要有耐火浇注料、耐火捣打（包括干式打结）料、耐火可塑料、耐火喷补/修补料、耐火涂抹料、耐火投射料、耐火压入料、耐火泥浆和耐火泥等。

以前，不定形耐火材料的制造主要凭实践经验，目前已转向依靠基本理论来指导。其中，粉体工学、胶体化学、流变学和热力学等理论都在不定形耐火材料中获得了广泛的应用。

全部不定形耐火材料都是由耐火骨料、耐火粉料、结合系统和添加（不是全部都添加）补偿或改善性能的特殊材料（简称特殊材料）组成的耐火混合料。因此，不定形耐火材料又称为散状耐火材料。使用不同性质或者类型的原料可以制造不同性能、能适应不同使用温度和不同使用条件的不定形耐火材料。

5.2.1 不定形耐火材料的配方设计

不定形耐火材料的配方设计包括应用设计参数和材料设计参数两部分。

在设计特定条件下使用的不定形耐火材料时，需要考虑原料组合、制造技术、材料组装（施工）和应用技术。

配方设计目标是在材料性能和应用条件互相矛盾的要求之间寻找平衡。

通常，根据实际窑炉的操作条件（操作温度、炉内气氛和耐火内衬与炉料接触状态等）和熔渣特性来确定窑炉内衬耐火材料的类型和材料质量。如果选定不定形耐火材料作为目标内衬耐火材料，就应该选用与使用条件相适应的材质和合适的结合系统以及能进一步改善和提高性能的添加特殊材料所构成的不定形耐火材料。

5.2.2 原材料的选择

5.2.2.1 主原料的选择

不定形耐火材料中的耐火骨料和耐火粉料总称为主原料，余者则称为辅原料。耐火骨料是不定形耐火材料中+0.088mm 部分，是不定形耐火材料组织结构中的主体材料，起骨架作用。因此，耐火骨料是控制材料物理力学性能和高温使用性能的决定因素的组成部分。通常，要求用于制备耐火骨料的原料应具有结构致密、气孔率低、强度大、杂质含量少等。

耐火粉料是不定形耐火材料中的基质组分，经高温作用后起联结或胶结耐火骨料、填充气孔、提高材料密度和高温性能及使用性能的作用。

选用不同质量的原料作为制造不定形耐火材料的主原料，即可制成性能各异、使用温度和使用范围不同的不定形耐火材料。一般使用复合原料作为不定形耐火材料的主原料，可获得综合性能好和使用寿命长的不定形耐火材料。

现代高效不定形耐火材料中的主原料已大量使用高纯原料、均质原料、电熔原料、合成原料、转型原料、超细粉以及碳和非氧化物原料，从而使不定形耐火材料的性能大大提高，甚至超过了烧成耐火制品（砖）。

5.2.2.2 结合系统的选择

结合系统通过将耐火骨料和耐火粉料胶结为一整体，从而使材料具有一定的强度。可见，尽管结合系统的配入量不高，但它们却是构成不定形耐火材料的重要组成部分。

通常，结合系统包括结合剂、活性填料和外加剂。结合剂可以是无机、有机及其混合物。在一定的条件下，通过水合、化学、聚合和凝聚等作用，使混合料坯凝固、硬化而获得强度。

活性填料是一种细填料，其粒径一般小于 10μm，如 5μm、2μm 甚至纳米粉料，具有高活性。如果在不定形耐火材料中加入适当形状和具有活性的超细粉或纳米材料，就能有效地填充气孔、提高密度和强度，从而获得性能较佳、使用寿命较长的不定形耐火材料。

外加剂是强化结合剂的作用和提高不定形耐火材料（特别是基质）性能的材料，它们可能是促凝剂、分散剂、减水剂、抑制剂、早强剂、缓凝剂、防爆剂和快干剂。在一些情况下，外加剂的作用主要是为了改善作业性和提高强度。选择一种或几种外加剂，则取决于目标不定形耐火材料的性能、施工作业和使用要求。

结合系统的进步和发展是不定形耐火材料的成功和发展的关键，耐火浇注料就是最有说服力的例子。

早在 20 世纪 60 年代初，纯铝酸钙水泥（CAC）的应用使得耐火浇注料的成型变得容易，从而导致它们的应用量增加。但是，因为这种材料使用水量增加，结果则导致了高气孔率和强度损失，从而限制了总体应用。

大约 10 年后，即在 20 世纪 70 年代末到 80 年代初，先是用细黏土代替一部分 CAC，开发了低水泥耐火浇注料（LCC），其优点是明显地减少了用水量，这就克服了 CAC 结合耐火烧注料的缺点。不过，这种耐火浇注料需要缓慢干燥才能避免开裂，结果又延长了干燥时间，给实际生产和应用带来了不便。于是，乂丌发了纳米 SiO_2、纳米 Al_2O_3 和纳米 MgO 微粉代替细黏土的 LCC，结果大大减少了用水量，获得了气孔率低、密度和强度增加的 LCC。

随后，通过使用纳米 SiO_2 代替大部分 CAC，开发了超低水泥耐火浇注料［ULCC，$w(CaO)=0.2\%$］，获得了广泛的应用。

可见，结合系统的上述改进和发展导致了普通耐火烧注料（CC）向 LCC 以及 ULCC 的发展。然而，由于这类材料中含有 CaO 会导致其 1500℃时的强度明显下降，这就限制了它们在与熔渣接触环境中的应用。为了克服这一缺点，在 20 世纪 80 年代，使用纳米 SiO_2 特别是采用硅胶作为结合剂的无水泥耐火浇注料（NCC）被开发出来，从而使耐火浇注料发生了巨大变化。因为 NCC 具有 LCC 和 ULCC 所有的优点，并克服了它们的大部分缺点。其优点是 NCC 中硅胶-凝胶包围耐火颗粒，经干燥后，凝胶骨架结合颗粒形成初始强度。由于 SiO_2-Al_2O_3 系材料中缺少了 CaO，这就避免了材料高温强度下降的问题。另外，硅胶结合的耐火浇注料具有更好的黏结性和自流性，因而其施工性能也不受影响。

随后，开发出来的自流浇注料（FSRC）的结合系统，导致了耐火浇注料技术的重大突破。FSRC 的优点是很好地解决了热工设备的拐角、狭缝、孔洞等难施工部位筑衬的难题。有了 FSRC 以及后来发展起来的泵送和喷射耐火浇注料，为筑衬技术革新提供了有利条件，也为耐火浇注料有效应用提供了更多的空间。

5.2.2.3 特殊添加材料

为了补偿或者提高不定形耐火材料的性能，需要向材料中添加与主成分不同的耐火颗粒或者耐火细粉（简称为特殊添加材料）。例如：

（1）对于重烧收缩大的不定形耐火材料，应向配料中添加一定数量膨胀材料以补偿其体积收缩，确保体积稳定，抑制结构剥落；

（2）当需要进一步改善或提高不定形耐火材料的抗热震性时，应向配料中添加适量增韧材料以赋予材料的非线性性能，提高它们的热震稳定性；

（3）当需要进一步改善和提高不定形耐火材料抗渗透性能时，可向配料中加入一定数量的高抗渗透性的组分，以抑制熔渣渗透；

（4）要进一步提高不定形耐火材料抗侵蚀性能时，可向配料中加入一定数量高抗侵蚀能力的材料或者熔入熔渣中能增加熔渣黏度的材料；

（5）复合不定形耐火材料都应配入抗氧化剂以抑制材料的氧化损毁，延长使用寿命。

5.2.3 不定形耐火材料筑衬施工

不定形耐火材料都以散状混合料的形式供货，筑衬施工在现场实施，这类耐火材料主要用作窑炉内衬更新材料和旧衬蚀损部位的修补材料。由于筑衬和修补窑炉的形状各异，内衬部位不同，材料类型多样，所以筑衬施工时就需要有专门的工具与之相适应。

在不定形耐火材料中，只有耐火浇注料、耐火振动料和耐火捣打料需要支架模板才能进行筑衬施工。施工体就地养生、硬化，脱模烘干，然后交付使用。

不定形耐火材料现场筑衬施工工艺简单，操作容易，易于掌握，不需一一介绍，下面仅对耐火自流浇注料的制造做些简单说明。

耐火自流浇注料属于固/气/液分散系统，其颗粒级配决定了分散系统的填充状态。Furnnas 认为，连续颗粒分布曲线上最大密度对应的细粉量基本上与耐火自流浇注料基质中对应于流动性最优的细粉量一致。G. Maczra 等人通过求最大密度的连续颗粒分布曲线结果得出：临界颗粒为 5.00mm 的耐火自流浇注料，其密度最大时对应小于 0.045mm 的细粉量为 39%（<5μm 的占 7%）。朱存良研究莫来石质耐火自流浇注料的结果则得出：当临界颗粒为 8.00mm 时，其颗粒级配为：8.00~5.00mm：5.00~3.00mm：3.00~1.00mm=3：4：3；8.00~1.00mm：1.00~0.045mm：<0.045mm=4：2：4（质量分数），这与 G. Maczra 等人计算结果是一致的。如果大于 1.00mm 粗颗粒太多，细粉量不足以将粗颗粒完全包覆

时，那就容易使粗颗粒与细粉基质分离；相反，如果小于 0.045mm 的细粉量过多，那就会导致分散系统向具有黏-塑性区域移动，使其具有很强的黏性和塑性，自由流动值降低。

仅从流变学的角度考虑，认为将不规则自然颗粒加工成近似球粒状颗粒能大大改善材料的流变性能。

影响耐火自流浇注料特性的因素是基质的流变特性，同时认为减水剂对基质流变性能也有明显的影响。有机减水剂会降低基质的自流值，而无机减水剂则会增加基质的自流值。在超细粉：细粉=1：4 时便能充分发挥超细粉的填充、分散和润滑作用，对应的分散系统为最紧密堆积结构，基质具有最佳的自流值。

当耐火自流浇注料加有微量高效减水剂和具有很大比表面积的超细粉时，由于它们具有吸附和团聚倾向，不易分散均匀，因而需要较长时间搅拌才能混合均匀。

根据材质和使用要求，耐火自流浇注料的用水量为 4.5%~8.0%（外加），合理的自流值为 80%~120%。当自流值低于 80%时，耐火自流浇注料难以找平和脱气；相反，当自流值高于 120%时，骨料与基质离析倾向较严重，可施工时间短。较理想的耐火自流浇注料应为组成均匀的流动状态，流动均匀而且骨料不与流态基质分离。

在用水量一定的情况下，耐火自流浇注料的流变性能决定水的分布状态。有关研究结果表明：在低水分区域，黏-塑性行为占主导地位；在高水分区域，黏-弹性行为占主导地位。在该区域内，即使水分只有很少变化，也会引起流变性能和力学性能发生较大变化。耐火自流浇注料用水量正好处于这个对水分变化的敏感区域内。其原因是填充状态的变化所致，这说明耐火自流浇注料流变特性很受分散系统的体积分数和空间分布状态的影响。

5.2.4　不烧砖和耐火预制件

不烧砖和耐火预制件不同于不定形耐火材料，因为它们具有一定的形状；也不同于耐火烧成制品，因为它们不需要烧成。所以，它们属于另一种类型的定形耐火材料。

5.2.4.1　不烧砖

不烧砖的制造工艺过程与烧成砖的烧成工序之前的工艺过程是相同的。所以，也要通过原料选择、破/粉碎、分级、配料、混练（添加结合剂）、成型和热处理等生产工序而获得不烧成制品（不烧砖）。为了获得性能稳定、质量优良的不烧砖，除了原料选择和先进的生产工艺以外，结合剂的选择是决定因素。因此，需要对结合剂进行仔细选择。更详细的内容已在前面有关章节中作了讨论，此处不再重复。

5.2.4.2 耐火预制件

耐火预制件通常采用相当于供货的不定形耐火材料（混合料）和有机（液态）结合剂或者水（包括水溶液）混合制成泥料或者浆料，经浇注成型、振动成型、打结成型或者挤压成型，养生硬化后脱模（也有不需要养生的），加热干燥或者进行热处理后获得耐火预制件成品。可见，耐火预制件的制造工艺与不定形耐火材料现场筑衬施工操作过程是相同的。

5.3 凝固模耐火型件的生产工艺

20 世纪 70 年代曾经开发了一种凝固模铸或称为凝固模工艺（以主要开发者的名字命名）生产一些特殊耐火制品。在该工艺中，陶瓷原料是由莫来石、烧结氧化铝、锆英石和碳化硅等单一或者两种或者多种搭配、混合，加入各种无机溶胶产生一种适合于浇注的流变稠度体系而制得。

由于凝固模工艺在凝固过程中使用了不可逆的溶胶，所以当混合料浇注或注入铸模后要将模子和铸件冷却到凝胶温度以下，使溶胶固化。随后将凝胶固化的陶瓷部件从铸模中取出并进行烘干。烘干过的型件由于有无机溶胶微粒黏附在耐火材料颗粒中而具有极好的料坯强度，并且经过凝胶后不易破损而保持完整，再经煅烧（烧成）后仍保持其致密光滑的表面。凝固模工艺流程如图 5-22 所示。

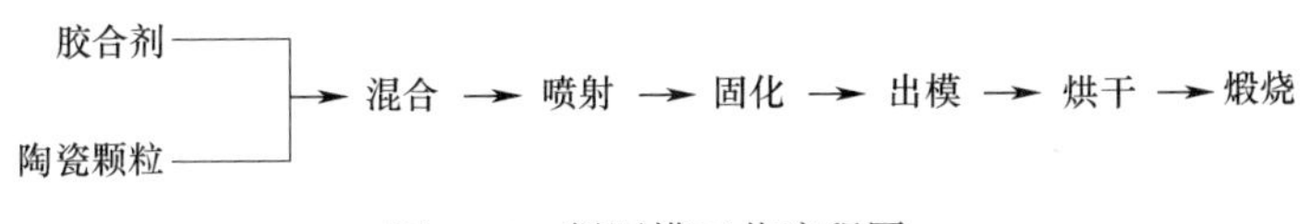

图 5-22 凝固模工艺流程图

凝固模工艺对使用各种厚度的炉壁加工复杂型件效果颇好，可有效地用在从小到 1kg、大到 100kg 的大小型件中。由于耐火混合料要凝固到准确的铸模尺寸，所以生产的型件具有高尺寸精度，通常公差不超过±0.5%。一般来说，对型件仅做微小的加工，也可以不加工或修整。此外，型件的显气孔率可以通过水分平衡加以控制，这也是该工艺的另一个优点。

凝固模件的其他优势还有：由于型件具有平均孔径不大于 5μm 的微气孔，因而具有良好的抗浸透性；小于 1kg 小型件可获得与大于 100kg 大型件相同的物理性能；无孔陶瓷可通过混合后在真空条件下浇注制成。另外，整个截面上的组织和密度都很均匀，不随距离铸模的远近而变化。

用凝固模工艺制造的耐火材料成分包括氧化铝、莫来石、黏土、红柱石、熔融二氧化硅、氧化锆、碳化硅和铬-氧化铝等。这些凝固模制品对金属和熔渣的侵蚀具有极好的耐蚀性，对玻璃用耐火材料有很好的抗热震性。

组合式坩埚是由一系列预烧过的型件组成的，这些型件经凝固模工艺加工后能精确地配合在一起。组合式坩埚由一层底座，上面安装数层配合紧密的型件组成，其高度依据所需容量而定。一般来说，每层有 6 个或 8 个型件，由于型件间是高精确度组合，故不需要火泥也可避免熔炼物污染。组合式坩埚适用的容量范围在 0. 3~0. 6t 熔融金属之间。另外，采用凝固模工艺制成的高铝水口也成功地用于特殊水口系统中的上、下水口中。

使用凝固模工艺制成的陶瓷耐火部件都具有某些应用的独特性能。该工艺使高铝质耐火材料获得了非机械加工所得到的精确公差、小孔径或微孔径、良好的抗热震性以及为熔炼超高温不锈钢提供了极好的耐磨性和耐蚀性，同时还能提供钢铁工业用滑动水口部件和更广泛的有色金属工业使用的耐火材料。目前，这种凝固模铸耐火部件主要由英国和德国制造生产。

参考文献

[1] Aksel C, Riley F L. Effect of the particle size distribution of spinel on the mechanical properties and thermal shock performance of MgO-spinel [J]. Journal of the European Ceramic Society, 2003, 23 (16): 3079~3087.

[2] Chenxin O Z, Shigen L D Y. Corrosion and corrosive wear behavior of WC-MgO composites with and without grain-growth inhibitors [J]. Journal of Alloys and Compounds, 2014, 615: 146~155.

[3] Jun M, Shigen Z, Chenxin O. Two-step hot-pressing sintering of nanocomposite WC-MgO compacts [J]. Journal of the European Ceramic Society, 2011, 31 (10): 1927~1935.

[4] Markus R, Christian S, Lutz K. Study of processing routes for WC-MgO composites with varying MgO contents consolidated by FAST/SPS [J]. Journal of the European Ceramic Society, 2017, 37 (5): 2031~2037.

[5] Nick W, R P G, T R I. In situ neutron diffraction study of residual stress development in MgO/SiC ceramic nanocomposites during thermal cycling [J]. Acta Materialia, 2007, 55 (13): 4535~4544.

[6] Rasim C, Cemail A. Improvements on corrosion behaviours of MgO-spinel composite refractories by addition of $ZrSiO_4$ [J]. Journal of the European Ceramic Society, 2012, 32 (4): 727~736.

[7] X O C, Z S G, M J, et al. Master sintering curve of nanocomposite WC-MgO powder compacts [J]. Journal of Alloys and Compounds, 2012, 518: 27~31.

[8] Cemail A, A Tuba. Improvements on the thermal shock behaviour of MgO-spinel composite refractories by incorporation of zircon-3mol% Y_2O_3 [J]. Ceramics International, 2012, 38 (5): 3673~3681.

[9] Haibin S, Yujun Z, Hongyu G, et al. Microwave sintering and kinetic analysis of Y_2O_3-MgO composites [J]. Ceramics International, 2014, 40 (7): 10211~10215.

[10] Haixia Q, Shigen Z, Ping D, et al. Microstructure and mechanical properties of WC-40vol% Al_2O_3 composites hot pressed with MgO and CeO_2 additives [J]. Ceramics International, 2013, 39 (2): 1931~1942.

[11] In-Jin S, In-Yong K, Hyun-Su K, et al. Properties and rapid consolidation of nanostructured MgO-$MgAl_2O_4$ composites [J]. Ceramics International, 2012, 38 (1): 311~316.

[12] Jacek S, Dominika M, Krzysztof D, et al. $Ca_7ZrAl_6O_{18}$ acting as a hydraulic and ceramic bonding in the MgO-$CaZrO_3$ dense refractory composite [J]. Ceramics International, 2014, 40 (5): 7315~7320.

[13] Junxi X, Xiaojian M, Xiaokai L, et al. Influence of moisture absorption on the synthesis and properties of Y_2O_3-MgO nanocomposites [J]. Ceramics International, 2017, 43 (1): 40~44.

[14] Linggen K, Ji Z, Yoshitaka M, et al. Novel synthesis and thermal property analysis of MgO-

$Nd_2Zr_2O_7$ composite [J]. Ceramics International, 2016, 42 (15): 16888~16896.

[15] 范春红, 罗旭东, 李晋萱, 等. ZrO_2 对钙钛矿/六铝酸钙复相材料组成结构的影响 [J]. 硅酸盐通报, 2013, 32 (8): 1534~1539.

[16] Xudong L, Dianli Q, Guodong Z, et al. Studies on the properties of gel bonding Alumina bubble ball refractory. [J]. Rare Metal Materials and Engineering, 2012, 41 (S3): 114~116.

[17] 罗旭东, 曲殿利, 张国栋, 等. 氧化铬对铝型材厂碱蚀渣制备铝方柱石材料结构的影响 [J]. 矿物学报, 2012, 32 (1): 146~150.

[18] 罗旭东, 张国栋, 刘海啸, 等. 用后滑板与用后镁碳砖合成镁铝尖晶石的研究 [J]. 耐火材料, 2010, 44 (9): 351~352.

[19] 李和祯, 李志坚, 罗旭东, 等. La_2O_3 对莫来石陶瓷微观组织结构的影响 [J]. 人工晶体学报, 2016, 45 (1): 205~210.

[20] Li M, Zhou N, Luo X, et al. MgO macroporous monoliths prepared by sol-gel process with phase separation [J]. Ceramics International, 2016, 42 (14): 16368~16373.

[21] 罗旭东, 谢志鹏, 张国栋, 等. Y_2O_3 对红柱石增强莫来石陶瓷性能影响 [J]. 稀有金属材料与工程, 2015, 44 (S1): 291~294.

[22] 李美葶, 罗旭东, 张国栋, 等. Al_2O_3-SiC 耐火浇注料耐碱机理研究 [J]. 稀有金属材料与工程, 2015, 44 (S1): 454~458.

[23] 罗旭东, 谢志鹏, 陈丹平, 等. 碳化硅对莫来石质浇注料耐碱性能的影响 [J]. 人工晶体学报, 2015, 44 (12): 3759~3764.

[24] 彭晓文, 郭玉香, 罗旭东, 等. 低温耦合固相氮化反应合成 β-Sialon [J]. 人工晶体学报, 2015, 44 (1): 115~121.

[25] Li S, Xie Z, Xue W, et al. Sintering of high-performance silicon nitride ceramics under vibratory pressure [J]. Journal of the American society, 2015, 98 (3): 698~701.

[26] 遇龙, 罗旭东, 谢志鹏, 等. 氮化硼/二硼化锆对氧化镁-氧化铝-碳材料性能影响 [J]. 无机盐工业, 2015, 47 (7): 16~19.

[27] 李美葶, 张国栋, 罗旭东, 等. ZrO_2/Al_2O_3 复相陶瓷的制备及性能研究 [J]. 硅酸盐通报, 2015, 34 (4): 1095~1099.

[28] 李美葶, 张国栋, 罗旭东, 等. 镁砂对高铝质可塑料性能影响 [J]. 硅酸盐通报, 2015, 34 (3): 788~792.

[29] 罗旭东, 占华生, 李燕京, 等. 水泥种类对高铝质耐磨可塑料性能影响 [J]. 耐火材料, 2015, 49 (4): 255~258, 263.

[30] 罗旭东, 张国栋, 谢志鹏, 等. 矾土对 Al_2O_3-SiO_2 质可塑料性能影响 [J]. 非金属矿, 2015, 38 (1): 29~31.

[31] 遇龙, 罗旭东, 张国栋, 等. BN 对镁基含碳耐火材料性能的影响 [J]. 人工晶体学报, 2015, 444 (1): 227~232.

[32] Xudong, L, Dianli Q, Zhipeng X, et al. Effect of Cr_2O_3 and sintering temperaute on the property of aluminum titanate prepared with alumina-titania slag [J]. 人工晶体学报, 2015, 44 (3): 756~763.

[33] 李和祯，郑丽君，罗旭东，等．不同材质钢包内衬烘烤过程中温度场的数值模拟 [J]. 耐火材料，2014，48 (6)：428~431.

[34] 许为，罗旭东，遇龙．MgO 对多孔堇青石材料组成结构的影响 [J]. 耐火与石灰，2014，39 (6)：18~20，23.

[35] 李振，曲殿利，郭玉香，等．菱镁矿尾矿与硼泥合成橄榄石研究 [J]. 硅酸盐通报，2014，33 (2)：248~252.

[36] 罗旭东，谢志鹏．Mg^{2+}、La^{3+}和 Ce^{4+}对红柱石增强莫来石质陶瓷性能影响 [J]. 硅酸盐学报，2014，32 (9)：1121~1126.

[37] 罗旭东，张国栋，田峰硕，等．化钛对方镁石-尖晶石不烧制品性能的影响 [J]. 材料科学与工艺，2014，22 (5)：36~41.

[38] 于忞，罗旭东，张国栋，等．La_2O_3 对氧化镁陶瓷烧结性能与抗热震性能的影响 [J]. 人工晶体学报，2016，45 (9)：2251~2256.

[39] 冯东，罗旭东，张国栋，等．SiO_2 对 MgO 陶瓷烧结性能影响 [J]. 人工晶体学报，2016，45 (9)：2306~2310.

[40] Luo X, Xie Z, Zheng L, et al. Effect of Cr_2O_3/Fe_2O_3 on the property of aluminum titanate [J]. Refractories and industrial ceramics, 2015, 56 (4): 337~343.

[41] Feng D, Luo X, Zhang G, et al. Effect of $Al_2O_3+4SiO_2$ additives on sintering behavior and thermal shock resistance of MgO-Based Ceramic [J]. Refractories and Industrial Ceramics, 2016, 57 (4): 417~422.

[42] Li M, Zhou N, Luo X, et al. Effects of doping $Al_2O_3/2SiO_2$ on the structure and properties of magnesium matrix ceramic [J]. Materials Chemistry and Physics, 2016, 175: 6~12.

[43] Feng D, Luo X, Zhang G, et al. Effect of molar ratios of MgO/Al_2O_3 on the sintering behavior and thermal shock resistance of $MgO-Al_2O_3-SiO_2$ composite ceramics [J]. Materials Chemistry and Physics, 2017, 185 (1): 1~5.

[44] Xu-dong L, Dian-li Q, Zhi-peng X, et al. Influence of La_2O_3 on the crystalline structure and property of forsterite [J]. Bulletin of the Chinese Ceramic Society, 2013, 32 (9): 1709~1715.

[45] Li M, Luo X, Zhang G, et al. Effects of blowing-agent addition on the structure and properties of magnesia porous material [J]. Refractories and industrial ceramics, 2017, 58 (1): 60~64.

[46] 李美葶，罗旭东，张国栋，等．发泡法和溶胶-凝胶法制备镁质多孔材料的结构及性能研究 [J]. 无机盐工业，2017，49 (1)：19~21，55.

[47] Yu M, Luo X, Zhang G, et al. Effect of Al_2O_3 on sintering properties and thermal shock properties of MgO ceramic [J]. 人工晶体学报，2017，46 (3)：507~513.

[48] 谢鹏永，罗旭东，郝长安．低品位菱镁矿的热选提纯工艺研究 [J]. 耐火材料，2017，51 (1)：53~56.

[49] 谢鹏永，罗旭东，郝长安．TiO_2 加入量对固相烧结合成镁铝尖晶石致密化行为的影响 [J]. 硅酸盐通报，2017，36 (3)：1101~1105.

[50] 安迪，罗旭东，谢志鹏，等．CeO_2 对 $CaTiO_3$ 陶瓷烧结性能以及微观结构的影响 [J]. 人工晶体学报，2017，46（3）：480~485.

[51] An D, Li H, Xie Z, et al. Additive manufacturing and characterization of complex Al_2O_3 parts based on a novel stereolithography method [J]. International Journal of Applied Ceramic Technology, 2017, 14 (5): 836~844.

[52] 杨孟孟，罗旭东，谢志鹏．陶瓷 3D 打印技术综述 [J]. 人工晶体学报，2017，46（1）：183~186.

[53] 杨孟孟，罗旭东，谢志鹏．SiC 晶须加入量对 ZrO_2-莫来石陶瓷力学性能及抗热震性能的影响 [J]. 陶瓷学报，2017，38（3）：361~365.

[54] 杨孟孟，罗旭东．气相二氧化硅对纤维块体保温性能的影响 [J]. 耐火与石灰，2017，42（2）：59~63.

[55] 彭子均，安迪，罗旭东，等．ZrO_2 纤维加入量对莫来石-10%vol. SiC 晶须复合材料力学性能和抗热震稳定性的影响 [J]. 陶瓷学报，2017，38（5）：706~710.

[56] 李鑫，罗旭东，于忞．我国超高温镁砂竖窑回顾及发展 [J]. 硅酸盐通报，2018，36（2）：503~506.